智能驾驶理论与实践系列丛书

ROS 与 ROS2 开发指南

张 锐 主编

北京钢铁侠科技有限公司 编著

电子工业出版社.

Publishing House of Electronics Industry

北京 · BEIJING

内 容 简 介

本书是学习 ROS 的实用化书籍。从对机器人的介绍开始，由浅入深依次讲解 ROS 依赖的 Linux 系统、常用的高级编程语言 Python、ROS 环境和机器人编程开发实训等内容。在学习 ROS 开发过程中，本书在实战篇加入了 SLAM、视觉跟随和物联网控制等前沿知识，使读者在学习编程技能的同时，能够更加深入地理解最新的机器人控制理论。为了发挥 ROS 与 ROS2 各自的优势，本书提出了 ROS 与 ROS2 混合编程方法，并给出了实践案例。

本书可供从事无人驾驶和移动机器人研究的科研工作者、高校教师及相关专业学生使用。

图书在版编目（CIP）数据

ROS 与 ROS2 开发指南 / 张锐主编. —北京：电子工业出版社，2023.7
（智能驾驶理论与实践系列丛书）
ISBN 978-7-121-45812-5

Ⅰ. ①R… Ⅱ. ①张… Ⅲ. ①机器人—程序设计—指南 Ⅳ. ①TP242-62

中国国家版本馆 CIP 数据核字（2023）第 111472 号

责任编辑：张　迪（zhangdi@phei.com.cn）
印　　刷：北京七彩京通数码快印有限公司
装　　订：北京七彩京通数码快印有限公司
出版发行：电子工业出版社
　　　　　北京市海淀区万寿路 173 信箱　邮编：100036
开　　本：787×980　1/16　印张：19.25　字数：415 千字
版　　次：2023 年 7 月第 1 版
印　　次：2024 年 4 月第 3 次印刷
定　　价：88.00 元

序

从微软在 2014 年对 Windows XP 停止服务，到 2020 年对 Windows 7 停止服务，这就不仅需要我国加快推动国产操作系统的建设，也需要加强我国在开源软件生态中的话语权，提高国产软件的核心研发能力。

现在，我们正处于进入辅助驾驶的重要阶段，这一阶段是实现无人驾驶的过渡期。也许三五年后，在路况较好的情况下，人们就可以坐在车内欣赏窗外的风景，只需要在拥堵等特殊情况下握住方向盘。相较于欧美国家，我国在无人驾驶技术研发方面稍有差距，但后劲却十足，这是因为无人驾驶需要基于大数据技术的高精度导航。

包括操作系统在内的核心关键技术，我国是必须掌握的。关键核心技术要立足于自主创新、要自主可控，得到了国家层面的大力支持。希望在 IT 一线的科技工作者，要始终坚持关键核心技术不能受制于人的原则，加强产业链上下游的组织与协作，提升关键软硬件供给能力。北京钢铁侠科技有限公司（简称钢铁侠科技）在这方面做得比较成功。

"钢铁侠科技"在理论积累和实践创新的基础上，编著了"智能驾驶理论与实践系列丛书"。该丛书涵盖无人驾驶感知智能、深度学习与机器人、ROS 与 ROS2 开发指南等。丛书蕴含着"钢铁侠科技"多年的研发实践和成果积累，对从业者学习机器人编程基础、深度学习理论知识和无人驾驶实现方法有所裨益。

《ROS 与 ROS2 开发指南》是该丛书之一，系统讲解了 ROS、ROS2 的开发环境及方法，介绍了跨平台交叉编译器的设计，为读者掌握智能终端操作系统，尤其是机器人操作系统，提供了宝贵的财富。在"钢铁侠科技"成立 8 周年之际，迎来了该书的出版。若读者能从本书中受到启发，产生两三点新思想，实现与时俱进，则更是我期待看到的。

中国工程院院士

前 言

北京钢铁侠科技有限公司（简称钢铁侠科技）于 2015 年成立时，研发的第一款产品是双足大仿人机器人。研发过程中团队做了大量调研，专门分析采用什么样的操作系统更加适合这种高难度的机器人，最后综合比较发现，ROS 最有优势。一直到现在，钢铁侠科技研发的各类机器人产品普遍采用 ROS 系统。ROS 也成为钢铁侠科技积累时间最长的一项技术。

在长期的开发过程中，编者发现采用 ROS 的实时性不够强，缺少机器人开发调试工具，对多机协作支持不佳，于是做了大量的改良开发工作，并与国产化的 Linux 厂家合作，开发了国产改良的 ROS 系统。后来发现，这些也成为 ROS2 在慢慢改进的地方。考虑到大部分读者可能是初学人员，本书还是选用了 ROS 原版系统作为讲解对象，但部分章节介绍了如何改良的具体方法。

在过去的 8 年里，全国有超过 500 所大学与北京钢铁侠科技有限公司进行过产学研项目合作。清华大学、北京理工大学、北京航空航天大学、山东大学、吉林大学等都是钢铁侠科技非常深入的合作伙伴。很多学校希望钢铁侠科技通过新兴的产业技术，为学校提供最新的教学平台，助力学校的科研教学和人才培养。

本书基于钢铁侠科技打造的一款适合学习 ROS 的机器人硬件平台，提供了配套的开发指南。与其他机器人平台相比，本平台加入了环境信息感知和物联网控制两个特色功能，同时对视觉跟随、导航建图做了加强，使 ROS 与机器人需要实现的具体功能紧密结合，更具有实战化的特点。书中的具体技术都介绍了开发思路，均可用于其他机器人研发过程。

最后两章是本书的特色章节。在第 10 章，讲解了 ROS2 的安装与使用，详细介绍了 ROS 与 ROS2 的桥接通信，为在 ROS2 环境下实现具体开发提供了指导。在第 11 章，重点介绍了交叉编译器的设计与开发，使不同的硬件平台和 Linux 操作系统版本都能安装同一套 ROS 环境。第 11 章是钢铁侠科技多年开发实战经验所得，难度较大，可以作为选读章节。但如果在日后科研工作中，比如原本在 x86 架构下编写的 ROS 程序计划移植到 ARM 架构下，本书则提供了难得一见的法宝。

本书全部代码由钢铁侠科技的研发团队反复验证多年，兼具学习和实用的功能，为了方便读者学习，读者可以登录华信教育资源网（http://www.hxedu.com.cn）免费注册后进行下载。本次公开出版，是对钢铁侠科技历年来在 ROS 方面的积累做了系统化的总结。希望本书能够帮助学生、从业者和感兴趣的读者朋友快速理解 ROS 相关原理及实践方法，推进我国智能机器人事业的快速发展。由于编者能力有限，书中难免有不妥之处，烦请读者批评指正。

值此付梓之际，感谢公司北京和青岛两地研发团队的辛勤付出，感谢电子工业出版社编辑的悉心指导，感谢北京市科学技术委员会、中关村科技园区管理委员会给予"高算力低功耗机器人步态控制器研制"和"高抗扰性目标检测技术及应用"两项科技重大专项支持，感谢以各种形式帮助我们的朋友们。钢铁侠科技向各位致以深深的谢意。

北京钢铁侠科技有限公司
2023 年 7 月

目 录

预 备 篇

基　础　篇

实 战 篇

预　备　篇

第 **1** 章

绪论

1.1　机器人的概念及特点

1.1.1　机器人的由来

机器人是众所周知的一种高新技术产品，然而，"机器人"一词最早并不是一个技术名词，而且至今尚未形成统一的、严格而准确的定义。机器人（Robot）一词最早由一位名叫卡雷尔·查培克（Karal Capak）的捷克剧作家使用。在捷克语中，Robot 一词是指服劳役的奴隶。1921 年，Capak 写了一出戏剧，名叫《洛桑万能机器人公司》（*Rossnm's Universal Robots*），在这出剧中，机器人是洛桑和他儿子研制的类人生物，用来作为人类的奴仆。随后，一名名叫艾萨克·阿西莫夫（Isaac Asimov）的科幻小说家使用了机器人学（Robotics）这个词来描述与机器人有关的科学。他还提出了"机器人"的 3 个原则，值得今天的机器人设计者和使用者关注。这 3 个原则如下：

（1）机器人不得伤害人类，或看到人类受到伤害而袖手旁观；

（2）机器人必须服从人类的命令，除非这条命令与第一条相矛盾；

（3）机器人必须保护自己，除非这种保护与以上两条相矛盾。

实际上，真正能够代替人类进行生产劳动的机器人，是在 20 世纪 60 年代才问世的。伴随着机械工程、电气工程、控制技术，以及信息技术等相关科技的不断发展，到 20 世纪 80 年代，机器人开始在汽车制造业、电机制造业等工业生产中大量采用。现在，机器人不仅在工业，而且在农业、商业、医疗、旅游、空间、海洋，以及国防等诸多领域获得越来越广泛的应用。

习近平总书记在 2014 年两院院士大会上指出，"机器人革命"将创造数万亿美元的市场。机器人是"制造业皇冠顶端的明珠"，其研发、制造、应用是衡量一个国家科技创新和高端制造业水平的重要标志。机器人主要制造商和国家纷纷加紧布局，抢占技术和市场制高点。我们不仅要把我国机器人水平提高上去，而且要尽可能多地占领市场。这样的新技术新领域还很多，我们要审时度势、全盘考虑、抓紧谋划、扎实推进。2021 年 12 月，机器人被写进国家"十四五"产业发展规划。

1.1.2　机器人的定义

国际上，关于机器人的定义主要有如下几种。

（1）英国简明牛津字典的定义。机器人是"貌似人的自动机，具有智力的和顺从于人的但不具人格的机器"。这一定义并不完全正确，因为还不存在与人类相似的机器人在运行。这是一种理想的机器人。

（2）美国机器人协会的定义。机器人是"一种用于移动各种材料、零件、工具或专用装置的，通过可编程序动作来执行种种任务的，并具有编程能力的多功能机械手"。尽管这一定义较实用些，但并不全面。这里指的是工业机器人。

（3）日本工业机器人协会的定义。机器人是"一种装备有记忆装置和末端执行器的，能够转动并通过自动完成各种移动来代替人类劳动的通用机器"。

（4）美国国家标准局（NBS）的定义。机器人是"一种能够进行编程并在自动控制下执行某些操作和移动作业任务的机械装置"。这也是一种比较广义的工业机器人定义。

（5）国际标准化组织的定义。机器人是"一种自动的、位置可控的、具有编程能力的多功能机械手，这种机械手具有几个轴，能够借助可编程序操作处理各种材料、零件、工具和专用装置，以执行种种任务"。显然，这一定义与美国机器人协会的定义相似。

我国关于机器人的定义。随着机器人技术的发展，我国也面临讨论和制定关于机器人技术的各项标准问题，其中包括对机器人的定义。蒋新松院士曾建议把机器人定义为"一种拟人功能的机械电子装置"。

1.1.3　机器人的主要特点

1．通用性

机器人的通用性（Versatility）取决于其几何特性和机械能力。通用性指的是某种执行不同的功能和完成多样的简单任务的实际能力。通用性也意味着机器人具有可变的集合结构，即根据生产需要进行变更的集合结构；或者说，在机械结构上允许机器人执行不同的任务或以不同的方式完成同一工作。现有的大多数机器人都具有不同程度的通用性，包括机械手的机动性和控制系统的灵活性。必须指出，通用性不是自由度单独决定的。增加自由度一般能提高通用性。不过，还必须考虑其他因素，特别是末端装置的结构能力，如它们能否适应不同的工具等。

机器人产品分为通用型产品和专用型产品。其中，双足大仿人机器人属于典型的通用型产品，这种机器人的最大价值在于不需要改变人类现有的生存环境，可以直接用于完成多种任务。而其他产品根据特定功能，又分为工业机器人和服务机器人两大类。

工业机器人属于传统机器人，往往被安置在固定位置，用于完成重复性操作，也被称为工业机械臂，具体可分为点焊、喷漆、码垛、搬运、上下料等专用机械臂。

服务机器人是 2015 年之后新兴的产业，以 iRobot 扫地机器人火遍全球为标志，往往具有智能移动的特点，包括扫地机器人、送餐机器人、教育机器人等。其中，与具体行业相结合的服务机器人，也被成为特种机器人，如军用机器人、农业机器人和救援机器人等。

2．适应性

机器人的适应性（Adaptivity）是指其对环境的自适应能力，即所设计的机器人能够自我执行未经完全指定的任务，而不管任务执行过程中所发生的没有预计到的环境变化。这一能力要求机器人认识其环境，即具有人工知觉。在这方面，机器人使用它的下述能力：

（1）运用传感器检测环境的能力；

（2）分析任务空间和执行操作规划的能力；

（3）自动指令模式能力。

迄今为止，所开发的机器人知觉与人类对环境的解释能力相比，仍然是十分有限的。这个领域内的某些重要研究工作正在进行中。

1.2 机器人分类及产业机遇

1.2.1 机器人分类

1. 分类方法

根据机器人的应用环境，国际机器人联盟（IFR）将机器人分为工业机器人和服务机器人。现阶段，考虑到我国在应对自然灾害和公共安全事件中，对特种机器人有着相对突出的需求，一般也可以将机器人划分为工业机器人、服务机器人、特种机器人（专业服务机器人）三类，如图 1-1 所示。

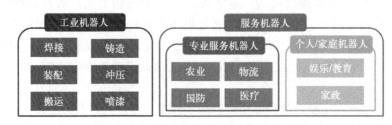

图 1-1   根据应用场景的机器人主要分类

以上分类方法是依据机器人往往具有的一种或者有限种特定功能，以特定应用场景或机器人特定功能为标准对机器人进行分类的。其他如大仿人机器人等具有通用性，有可能在多种环境下完成不同的任务，不在本分类方法之内。

2. 工业机器人

在我国机器人类型的划分中，工业机器人指面向工业领域的多关节机械手或多自由度机器人，在工业生产加工过程中通过自动控制来代替人类执行某些单调、频繁和重复的长时间作业，主要包括焊接机器人、搬运机器人、码垛机器人、包装机器人、喷涂机器人、切割机器人和净室机器人。

3. 服务机器人

服务机器人则是除工业机器人之外的、用于非制造业并服务于人类的各种先进机器人，主要包括个人/家用服务机器人和公共服务机器人。

在我国机器人类型的划分中，服务机器人指在非结构环境下为人类提供必要服务的多种高技术集成的先进机器人，主要包括家用服务机器人、医疗服务机器人和公共服务机器人。其中，公共服务机器人指在农业、金融、物流、教育等除医学领域外的公共场合为人类提供一般服务的机器人。

图 1-2　服务机器人产品图

4．特种机器人

特种机器人指代替人类从事高危环境和特殊工况的机器人，主要包括军事应用机器人、极限作业机器人和应急救援机器人。

1.2.2　机器人产业机遇

工业机器人发展到今天，在工业互联网、工业 4.0、敏捷制造等大形势的推动下，工业机器人正在面临新的挑战，给我国工业机器人企业带来了新的机遇。工业机器人面临的挑战如图 1-3 所示。

服务机器人作为近年来新兴起的品类，在国际上还没有形成具有垄断地位的公司，这为我国机器人产业发展创造了良好的机遇。但是服务机器人由于产品和产业环境不完善，也面临着很多挑战，需要企业、政府和相关机构携手解

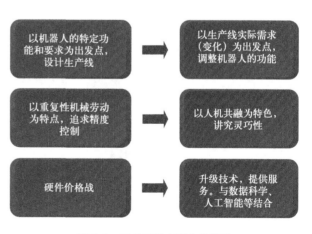

图 1-3　工业机器人面临的挑战

决。服务机器人面临的挑战如图 1-4 所示。

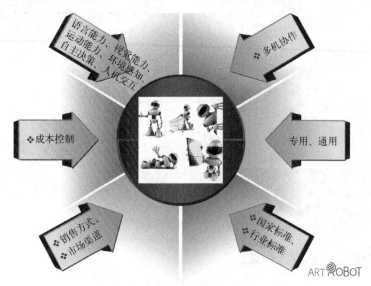

图1-4　服务机器人面临的挑战

从工业机器人到服务机器人，机器人从只改变生产方式，到可以改变生活方式，由此可见机器人产业具有足够大的威力和无穷的想象力。工业机器人与服务机器人的关系如图 1-5 所示。

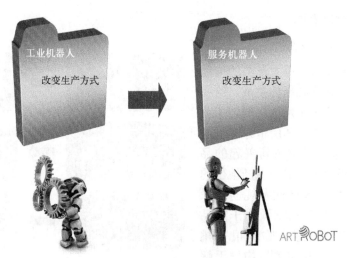

图1-5　工业机器人与服务机器人的关系

作为工业四大家族之一的 KUKA，早在 2013 年就用四条机械臂与德国宇航局合作，研发了一台双足大仿人机器人。这项研究使得 KUKA 的机器人技术，从传统的固定安装位置的机械臂，演变为轮式移动的机械臂，进而进化为双足大仿人机器人，并在平衡控制方法方面有了新的积累。KUKA 机器人进化史如图 1-6 所示。

TORO，2013年

图 1-6　KUKA 机器人进化史

丹麦的 UR 协作机器人（见图 1-7），是目前世界上技术最成熟、最稳定的协作机器人。该公司一举打破原有国外工业机器人四大家族的垄断地位，在协作机器人领域站稳了脚跟。

图 1-7　UR 协作机器人

日本的各个机器人公司和大学都在研发仿人机器人，以日本本田公司研发的 ASIMO 和丰田公司研发 Partner 最为出名。此外，通产智能、东京大学、大阪大学、早稻田大学、软银机器人等研究团队，都在研发仿人机器人。日本丰田和本田的仿人机器人如图 1-8 所示。

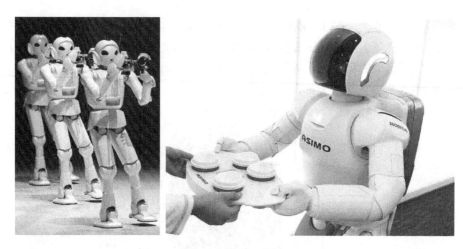

图 1-8　日本丰田和本田的仿人机器人

　　美国波士顿动力公司享誉世界，凭借双足 Atlas、四足大狗两种腿式机器人成为世界上知名度最高的机器人公司。美国 NASA 也研发了多款双足大仿人机器人产品，为美国探索宇宙做了多种方案准备。美国波士顿动力和 NASA 的机器人如图 1-9 所示。

图 1-9　美国波士顿动力和 NASA 的机器人

俄罗斯近年来在机器人领域发力明显。在 2019 年 8 月 22 日，俄罗斯把 Skybot F-850 发射升空，于 8 月 27 日到达国际空间站。Skybot 将参与大约五到六项科学任务，如缓慢连接电源适配器、打孔等。上天之前，俄罗斯机器人已经可以实现开枪射击、开吉普车等操作。俄罗斯机器人 FEDOR 如图 1-10 所示。

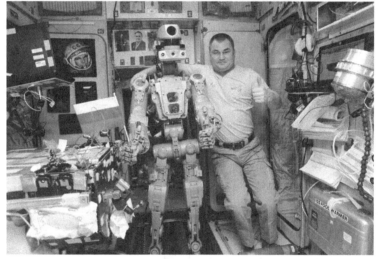

图 1-10　俄罗斯机器人 FEDOR

1.3　智能机器人

1.3.1　智能机器人的定义

人工智能与机器人，前者主要解决学习、感知、语言理解或逻辑推理等任务，若想在物理世界完成这些工作，人工智能必然需要一个载体，机器人便是这样的一个载体。机器人是可编程机器，通常能够自主或者半自主地执行一系列动作。机器人与人工智能相结合，由人工智能算法程序控制的机器人称为智能机器人（见图 1-11）。

图 1-11 智能机器人

智能机器人在近几十年里迅速发展，代表性的工作包括：1988 年，日本东京电力公司研制的具有自动越障能力的巡检机器人；1994 年，中科院沈阳自动化所等单位研制成功的中国第一台无缆水下机器人"探索者"；1999 年，美国直觉外壳研制的达芬奇机器人手术系统；2000 年，日本汽车厂商本田研发的双足步行人形机器人阿西莫（ASIMO）；2005 年，波士顿动力公司研制的四足大狗机器人、双足机器人 Atlas；2015 年，软银控股研制的情感机器人 Paper；2016 年，北京钢铁侠科技研制的双足仿人机器人 Artrobot。

仿人机器人，又称人形机器人，英文名称为 Humanoid Robot，主要在 3 个方面像人：形态、行为及思维。形态包括躯干、四肢和头部，对应机器人的本体结构；行为包括动作和视听，对应机器人的运动能力和视听能力；思维包括逻辑和情感，对应机器人的顶层决策。形态是行为的载体，行为是思维的外在表现。

1.3.2 脑科学与智能机器人

虽然人工智能科学发展得如火如荼，但总有一个界限无法逾越，那就是人类大脑的思维能力，比如拥有随机搜索和卷积神经网络技术的阿尔法狗也只是下棋的高手而已。全球科学家也逐步达成共识，即要想突破人工智能的技术壁垒，必须先在脑科学领域有所建树。中国科学院谭铁牛院士曾说向生物学习，开展生物启发的模式识别有望实现模式识别理论与方法的新突破，达到对不同任务无缝切换、对环境自主适应、对知识凝练抽取等，这一认识具有十分广阔的创新空间与发展前景。

脑是人类的决策、情感、感知、控制等中枢，是人体最为核心的组成部分，脑可大体分为大脑、小脑和脑干。大脑支配人的一切生命活动，如语言、运动、听觉、视觉、情感表达等；小脑的主要功能是协调骨骼肌的运动，维持和调节肌肉的紧张，保持身体的平衡。脑干主要是维持个体生命，包括心跳、呼吸、消化、体温、睡眠等重要生理功能。脑结构的具体划分如图 1-12 所示。

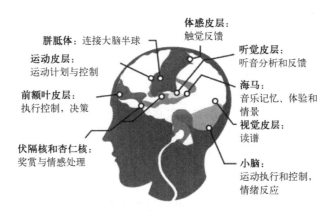

图 1-12　脑结构的具体划分

人工智能是计算机科学的一个分支，它涉及如何创建计算机和计算机软件使之具有智能行为，主要承担学习、感知、语言理解或逻辑推理等任务，类似模拟实现人体大脑的功能。机器人工程是自动化学科的一个分支，是可编程机器，其通常能够自主地或半自主地执行一系列动作，类似实现人脑中运动皮层、小脑等与运动控制及规划相关的功能。

1.3.3　人工智能在机器人中的应用

人工智能技术的应用提高了机器人的智能化程度，同时智能机器人的研究又促进了人工智能理论和技术的发展。智能机器人是人工智能技术的综合试验场，可以全面地检验人工智能在各个研究领域的技术发展状况。人工智能在机器人中的应用如图 1-13 所示。

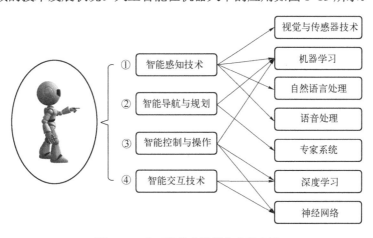

图 1-13　人工智能在机器人中的应用

传感器是指能够感受被测量并按照一定规律变换成可用输出信息的器件或者装置，是机器人获取信息的重要源头，类似人的"五官"。从仿生学观点来看，如果把计算机看作处理和识别信息的"大脑"，把通信系统当作传递信息的"神经系统"，那么传感器就是"感官系统"。

以下将重点介绍人工智能技术在机器人"视觉""触觉""听觉"三类最基本的感知模态中的应用。

1. 视觉在机器人中的应用

人类获取的 70%的信息来自视觉。因此，为机器人配备视觉系统是非常自然的想法。机器视觉可以通过视觉传感器获取环境图像，并通过处理器进行分析和解释，让机器能够辨识物体并确定其位置，以此来辅助机器人完成作业。类比人的视觉系统，摄像机等成像设备是机器的眼睛，而计算机视觉就是实现人类大脑（主要是视觉皮层）的视觉能力。

机器视觉的应用包括为机器人的动作控制提供视觉反馈、移动机器人的视觉导航、代替或帮助人工进行质量控制、安全检查所需的视觉检验，以及无人驾驶等方向。

2. 触觉在机器人中的应用

触觉传感器是机器人中用于模仿触觉功能的传感器，如压力传感器、接近传感器等，触觉传感器对灵巧手的操作意义重大。在过去的三十年，人们一直尝试在灵巧手端加触觉传感器来提高抓取能力，但由于触觉传感器所传输的信息十分复杂且高维度而导致灵巧手功效性较低。

近年来，随着传感器、控制和人工智能技术的发展，科研人员对触觉传感器所采集的信息结合不同的机器学习算法实现对灵巧手抓取物体的检测识别，以及抓取稳定性分析等展开了研究，主要通过机器学习中的聚类、分类等监督或无监督学习算法来完成触觉建模。

3. 听觉在机器人中的应用

人的耳朵同眼睛一样是重要的感觉器官，声波叩击耳膜，刺激听觉神经的冲动，之后传给大脑的听觉区形成人的听觉。

听觉传感器是一种可以检测、测量并显示声音波形的传感器，被广泛用于日常生活、军事、医疗、工业等众多领域，并且成为机器人发展必不可少的部分。声源定位、语音唤醒、语音合成、语音识别、语义交流、语音控制等技术使人机交互更加智能，其中自然语言处理与语音处理技术起到了重要作用。

4. 机器学习在机器人传感器数据融合中的应用

随着传感器技术的迅速发展，不同模态（如视、听、触）的动态数据正在以前所未有的速度涌现。对于一个待描述的目标或场景，通过不同的方法或视角收集到的是一个多模态的数据。通常把收集这些数据的每一种方法或视角称为一个模态。多模态感知与学习这一问题与信号处理领域的"多源融合""多传感器融合"，以及机器学习领域的"多视学习"或"多视融合"等有密切联系。

　　机器人系统上配置的传感器复杂多样，从摄像头到激光雷达，从听觉到触觉，几乎所有的传感器在机器人上都有应用。但限于任务的复杂性、成本和使用效率等因素，目前市场上的机器人采用最多的仍然是视觉和语音传感器，这两类模态一般独立处理（视觉用于目标检测，听觉用于语音交互）。

5. 机器人运动脑

　　运动脑是指依据机器人形态，结合正逆向运动学、动力学和人工智能技术，使机器人具备自主运动能力的决策系统。

　　人的运动由小脑和脑干负责掌握平衡，大脑的一部分负责运动的决策。机器人的运动脑相当于人的小脑、脑干和大脑中负责运动控制的部分紧密结合构成的功能体。运动脑的实现需要大量的条件反射、神经中枢和通信系统

## 第 2 章

Linux 基础

2.1 Linux 简介

Linux 内核最初只是由芬兰人李纳斯·托瓦兹（Linus Torvalds）在赫尔辛基大学上学时出于个人爱好而编写的。

Linux 是一种免费使用和自由传播的类 Unix 操作系统，是一个基于 Posix 和 Unix 的多用户、多任务、支持多线程和多 CPU 的操作系统。

Linux 能运行主要的 Unix 工具软件、应用程序和网络协议。它支持 32 位和 64 位硬件。Linux 继承了 Unix 以网络为核心的设计思想，是一种性能稳定的多用户网络操作系统。

2.1.1 Linux 的发行版

Linux 的发行版说简单点就是将 Linux 内核与应用软件做一个打包。目前市面上较知名的发行版有 ubuntu、redhat、CentOS、debain、fedora、SUSE、openSUSE、archlinux 等（见图 2-1）。

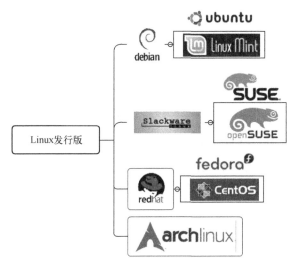

图 2-1　Linux 发行版本

2.1.2　Linux 应用领域

目前，各种场合都在使用 Linux 不同的发行版，从嵌入式设备到超级计算机，并且在服务器领域确定了地位，服务器通常使用 LAMP（Linux+Apache+MySQL+PHP）或 LNMP（Linux+ Nginx+MySQL+PHP）组合。

Linux 不仅在家庭与企业中使用，并且在政府中也很受欢迎。

巴西联邦政府由于支持 Linux 而世界闻名。

印度的 Kerala 联邦计划在向全联邦的高中推广使用 Linux。

中国为取得技术独立，在龙芯过程中排他性地使用 Linux。

在西班牙的一些地区开发了自己的 Linux 发布版，并且在政府与教育领域广泛使用，如 Extremadura 地区的 gnuLinEx 和 Andalusia 地区的 guadaLinEx。

葡萄牙同样使用自己的 Linux 发布版 Caixa Mágica，用于笔记本电脑和 e-escola 政府软件。

法国和德国同样开始逐步采用 Linux。

2.2　Linux 系统目录结构

Linux 下的文件系统为树形结构，入口为：/树形结构下的文件目录。无论哪个版本的 Linux 系统，都有这些目录，这些目录是标准的，Linux 不同的发行版本会存在一些细微的差异。

登录 Linux 系统后，在当前命令窗口下输入命令：

```
    ls /
```

可以看到：

```
    $ ls /
    bin  boot  dev  etc  home  lib  lib64  media  mnt  opt  proc  root  run
sbin  ...
```

Linux 树形目录结构如图 2-2 所示。

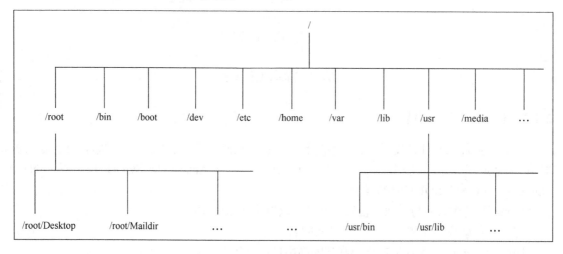

图 2-2　Linux 树形目录结构

（1）/bin：是 Binary 的缩写，这个目录存放着经常使用的命令。

（2）/boot：这里存放的是启动 Linux 时使用的一些核心文件，包括连接文件和镜像文件。

（3）/dev：dev 是 Device（设备）的缩写，该目录下存放的是 Linux 的外部设备，在 Linux 中访问设备的方式和访问文件的方式是相同的。

（4）/etc：这个目录用来存放所有的系统管理所需要的配置文件和子目录。

（5）/home：用户的主目录，在 Linux 中，每个用户都有一个自己的目录，一般该目录名是以用户的账号命名的。

（6）/lib：这个目录里存放着系统最基本的动态连接共享库，其作用类似于 Windows 里的 DLL 文件。几乎所有的应用程序都需要用到这些共享库。

（7）/lost+found：这个目录一般情况下是空的，当系统非法关机后，这里就存放了一些文件。

（8）/media：Linux 系统会自动识别一些设备，如 U 盘、光驱等，当识别后，Linux 会将识别的设备挂载到这个目录下。

（9）/mnt：系统提供该目录是为了让用户临时挂载别的文件系统的，我们可以将光驱挂载在/mnt/上，然后进入该目录就可以查看光驱里的内容了。

（10）/opt：这是给主机额外安装软件所摆放的目录。比如安装一个 ORACLE 数据库，就可以放到这个目录下。默认是空的。

（11）/proc：这个目录是一个虚拟的目录，它是系统内存的映射，我们可以通过直接访问这个目录来获取系统信息。这个目录的内容不在硬盘上而在内存里，我们也可以直接修改里面的某些文件，比如可以通过下面的命令来屏蔽主机的 ping 命令，使别人无法 ping 你的机器：

```
echo 1 > /proc/sys/net/ipv4/icmp_echo_ignore_all
```

（12）/root：该目录为系统管理员，也称作超级权限者的用户主目录。

（13）/sbin：s 就是 Super User 的意思，这里存放的是系统管理员使用的系统管理程序。

（14）/srv：该目录存放一些服务启动之后需要提取的数据。

（15）/tmp：这个目录是用来存放一些临时文件的。

（16）/usr：这是一个非常重要的目录，用户的很多应用程序和文件都放在这个目录下，类似于 Windows 下的 program files 目录。

（17）/usr/bin：系统用户使用的应用程序。

（18）/usr/sbin：超级用户使用的比较高级的管理程序和系统守护程序。

（19）/usr/src：内核源代码默认的放置目录。

（20）/var：这个目录中存放着在不断扩充着的东西，我们习惯将那些经常被修改的目录放在这个目录下，包括各种日志文件。

注意：在 Linux 系统中，有几个目录是比较重要的，平时需要注意不要误删除或者随意更改内部文件。

① **/etc：** 上边也提到了，这个是系统中的配置文件，如果你更改了该目录下的某个文件，可能会导致系统不能启动。

② **/bin、/sbin、/usr/bin、/usr/sbin：** 这是系统预设的执行文件的放置目录，比如 ls 就是在/bin/ls 目录下的。值得提出的是，/bin、/usr/bin 是给系统用户使用的指令（除 root 外的通用用户），而/sbin、/usr/sbin 则是给 root 使用的指令。

③ **/var：** 这是一个非常重要的目录，系统上运行着很多程序，每个程序都会有相应的日

志产生，而这些日志就被记录到这个目录下，具体在/var/log 目录下。另外，mail 的预设也放置在这里。

2.3 Linux 用户及用户组管理

  Linux 系统是一个多用户、多任务的分时操作系统，任何一个要使用系统资源的用户，都必须首先向系统管理员申请一个账号，然后以这个账号进入系统。

  用户的账号一方面可以帮助系统管理员对使用系统的用户进行跟踪，并控制他们对系统资源的访问；另一方面也可以帮助用户组织文件，并为用户提供安全性保护。

  每个用户账号都拥有唯一的用户名和口令。用户在登录时键入正确的用户名和口令后，就能够进入系统和自己的主目录。

  （1）查看用户列表：

```
#查看用户列表
[silver@zkxs /]$ cat /etc/passwd
root:x:0:0:root:/root:/bin/bash
bin:x:1:1:bin:/bin:/sbin/nologin
postfix:x:89:89::/var/spool/postfix:/sbin/nologin
sshd:x:74:74:Privilege-separated SSH:/var/empty/sshd:/sbin/nologin
silver:x:500:500::/home/silver:/bin/bash
......(省略)
```

  （2）查看用户组：

```
#查看用户组
[silver@zkxs /]$ cat /etc/group
root:x:0:
bin:x:1:bin,daemon
postdrop:x:90:
postfix:x:89:
fuse:x:499:
sshd:x:74:
silver:x:500:
......(省略)
```

  相关知识点：

① Linux /etc/group 与 /etc/passwd 文件都是有关系统管理员对用户或用户组管理时的相关文件。

② Linux /etc/group 是用户管理员对用户或用户组管理的文件。Linux 用户组的信息都保存在/etc/group 中。具有某些共有特征的用户集合起来就是用户组（group）。

③ 用户组的配置文件主要有/etc/group 和/etc/gshadow。其中，/etc/gshadow 是/etc/group 的加密信息文件。

（3）创建用户账号：

```
useradd  用户名

passwd   用户名
```

注意：创建用户账号必须在 root 账户下进行，设置完密码后才可以切换用户（su 用户名）

实例演示如下：

```
#创建用户
[silver@zkxs /]$ cd /
[silver@zkxs /]$ useradd echo
-bash：/usr/sbin/useradd：权限不够
[silver@zkxs /]$ sudo useradd echo
[silver@zkxs /]$ sudo passwd echo
更改用户 echo 的密码
新的密码：
重新输入新的密码：
passwd：所有的身份验证令牌已经成功更新
[silver@zkxs /]$ su echo
密码：
[echo@zkxs /]$
```

这样用户和用户密码就设置完成了，可以使用"su+用户名"切换，也可以使用"sudo su"命令直接切换到 root 用户下。

（4）删除用户账号：如果一个用户的账号不再使用，可以从系统中删除。删除用户账号就是要将/etc/passwd 等系统文件中的该用户记录删除，必要时还要删除用户的主目录。

删除一个已有的用户账号使用 userdel 命令，其格式如下：

```
userdel 选项 用户名
```

常用的选项是-r，它的作用是把用户的主目录一起删除。例如，我们删除 echo 用户：

```
[silver@zkxs ~]$ userdel -r echo
```

2.4　Linux 文件属性管理

Linux 系统是一种典型的多用户系统，不同的用户处于不同的地位，拥有不同的权限。为了保护系统的安全性，Linux 系统对不同的用户访问同一文件（包括目录文件）的权限做了不同的规定。

2.4.1　查看文件属性

在 Linux 中我们可以使用 ll 或者 ls -l 命令来显示一个文件的属性，以及文件所属的用户和组，如：

```
silver@ubuntun:/$ ll
total 108
drwxr-xr-x   2 root root  4096 12 月 14 12:03 bin/
drwxr-xr-x   3 root root  4096 3 月  16 13:13 boot/
drwxrwxr-x   2 root root  4096 9 月   8 2017 cdrom/
drwxr-xr-x  19 root root  4000 3 月  16 13:13 dev/
drwxr-xr-x 145 root root 12288 3 月  16 13:13 etc/
drwxr-xr-x   3 root root  4096 9 月   8 2017 home/
...（省略）
```

实例中，boot 文件的第一个属性用"d"表示。"d"在 Linux 中代表该文件是一个目录文件。

（1）在 Linux 中，第一个字符代表这个文件是目录、文件或链接文件等。

① 若是[d]，则是目录。

② 若是 10[-]，则是文件。

③ 若是[l]，则表示链接文档（link file）。

④ 若是[b]，则表示装置文件里面的可供储存的接口设备（可随机存取装置）。

⑤ 若是[c]，则表示装置文件里面的串行端口设备，如键盘、鼠标。

（2）接下来的字符中，以 3 个为一组，且均为『rwx』的三个参数的组合。其中，[r]代表可读（read）、[w]代表可写（write）、[x]代表可执行（execute）。要注意的是，这三个权限的位置不会改变,如果没有权限,就会出现减号[-]。

(3)对于文件来说,它都有一个特定的所有者,也就是对该文件具有所有权的用户。而在 Linux 系统中,用户是按组分类的,一个用户属于一个或多个组。文件所有者以外的用户又可以分为文件所有者的同组用户和其他用户。因此,Linux 系统按照文件所有者、文件所有者同组用户和其他用户规定了不同的文件访问权限。

每个文件的属性由左边第一部分的 10 个字符来确定(见图 2-3)。

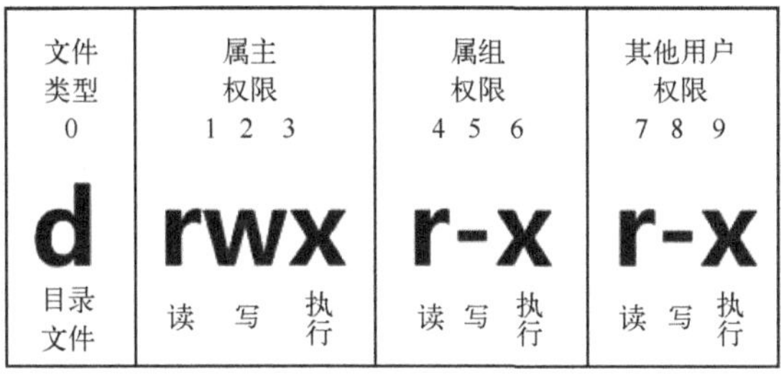

图 2-3　文件属性介绍图

2.4.2　文件属性修改

(1)chown,更改文件属主,也可以同时更改文件属组。其语法如下:

```
chown [-R] 属主名 文件名
chown [-R] 属主名:属组名 文件名
```

其中,-R:进行递归(recursive)的持续变更,即连同次目录下的所有文件都会变更。

(2)实例操作如下。

① 进入/root 目录(~),将 install.log 的拥有者改为 bin 这个账号:

```
[root@www ~]# cd ~
[root@www ~]# chown bin install.log
[root@www ~]# ls -l
-rw-r--r-- 1 bin  users 68495 Jun 25 08:53 install.log
```

② 将 install.log 的拥有者与群组改回为 root:

```
[root@www ~]# chown root:root install.log
[root@www ~]# ls -l
-rw-r--r-- 1 root root 68495 Jun 25 08:53 install.log
```

③ 将目录下所有文件属性改为 "root:silver":

```
[silver@zkxs cxfs]$ ll
总用量 12
-rwxr-xrw-. 1 silver silver 48 6月  12 04:21 a.txt
-rwxr-xr--. 1 silver silver 48 6月  13 11:05 b.txx
...(省略)
[silver@zkxs cxfs]$ sudo chown -R root:silver *
[silver@zkxs cxfs]$ ll
总用量 12
-rwxr-xrw-. 1 root silver 48 6月  12 04:21 a.txt
-rwxr-xr--. 1 root silver 48 6月  13 11:05 b.txx
...(省略)
```

2.4.3 文件权限修改

Linux 文件属性有两种设置方法：一种是数字，一种是符号。

Linux 文件的基本权限有 9 个，分别是 user/group/others，三种身份各有自己的 read/write/execute 权限。

文件的权限字符为：『-rwx-rwx-rwx』，这 9 个权限是三个三个一组的。其中，可以使用数字来代表各个权限。各权限的分数对照表如下：

r:4	w:2	x:1

每种身份（user/group/others）各自的 3 个权限（r/w/x）分数是需要累加的。例如，当权限为[-rwx-rwx---]，则其权限分数是：

```
owner = rwx = 4+2+1 = 7
group = rwx = 4+2+1 = 7
others= --- = 0+0+0 = 0
```

所以我们设定权限变更时，该文件的权限分数就是 770 了！变更权限的指令 "chmod" 的语法是：

```
chmod [-R] xyz 文件或目录
```

1. 选项与参数

（1）xyz：就是刚刚提到的数字类型的权限属性，为 rwx 属性数值的相加。

（2）-R：进行递归（recursive）的持续变更，即连同次目录下的所有文件都会变更。

2. 实例操作

实例操作如下：

```
[silver@zkxs ~]$ ll a.txt
-rw-rw-r--. 1 root silver 0 6月  11 23:29 a.txt
[silver@zkxs ~]$ chmod 777 a.txt
chmod：更改"a.txt" 的权限：不允许的操作
[silver@zkxs ~]$ sudo chmod 777 a.txt
[sudo] password for silver：
[silver@zkxs ~]$ ll
总用量 0
-rwxrwxrwx. 1 root silver 0 6月  11 23:29 a.txt
```

如果要将权限变成 -rwxr-xr--，那么权限的分数就成为[4+2+1][4+0+1][4+0+0]=754。

从之前的介绍中可以发现，基本上就 9 个权限，分别是 user、group、others 三种身份，那么我们就可以由 u、g、o 来代表 3 种身份的权限！

此外，a 则代表 all，即全部的身份。那么读写的权限就可以写成 r、w、x，也就是可以使用表 2-1 中的方式。

表 2-1　文件权限操作

chmod	u g o a	+（加入） -（除去） =（设定）	r w x	文件或目录

如果我们需要将文件权限设置为 -rwxr-xr--，可以使用"chmod u=rwx,g=rx,o=r 文件名"来设定：

```
#去掉 group 组的可执行权限
[silver@zkxs ~]$ sudo chmod g=rx a.txt
[sudo] password for silver：
[silver@zkxs ~]$ ll
总用量 0
-rwxr-xrwx. 1 root silver 0 6月  11 23:29 a.txt
#去掉 others 组的可执行权限
[silver@zkxs ~]$ sudo chmod o-x a.txt
[silver@zkxs ~]$ ll
总用量 0
-rwxr-xrw-. 1 root silver 0 6月  11 23:29 a.txt
```

2.5 Linux 目录管理

我们知道 Linux 的目录结构为树形结构，顶级的目录为根目录/，其他目录通过挂载可添加，通过解除挂载可以移除。

2.5.1 常用命令

- ls：列出目录
- cd：切换目录
- pwd：显示目前的目录
- mkdir：创建一个新的目录
- rmdir：删除一个空的目录
- cp：复制文件或目录
- rm：移除文件或目录

（1）ls：列出目录。

① ls   查看当前目录包含哪些内容

② ll   详细列出目录中的内容

③ ls -al   以长格式列出目录中的所有内容，包括隐藏文件

（2）cd：切换目录。

① cd   路径

② cd ..   回到上一级目录

③ cd /   跳到根目录

④ cd ~   回到家目录

（3）pwd：显示目前的目录。

示例演示：

```
[root@save] # pwd
/usr/local/zookeeper/zookeeper-3.4.9
```

（4）mkdir：创建新目录。

① 语法如下：

```
mkdir [-m 或-p] 目录名称
```

其中，-m：直接配置文件的权限；-p：创建多级目录。

② 实例演示：

```
#创建单个目录
[silver@localhost ~]$ mkdir test
[silver@localhost ~]$ ls
perl5  test
#创建多个目录
[silver@localhost ~]$ mkdir -p test1/test2/test3
[silver@localhost ~]$ ls
perl5  test  test1
[silver@localhost ~]$ ls test1
test2
```

由此可见，加了-p 这个选项，可以自行创建多层目录。接下来我们创建权限为 rwx--x--x 的目录：

```
[silver@localhost ~]$ mkdir -m 711 test2
[silver@localhost ~]$ ls
perl5  test  test1  test2
[silver@localhost ~]$ ll
总用量 0
drwx--x--x. 2 silver silver  6 6月  10 14:11 test2
```

上面的权限部分，如果没有加上-m 强制配置属性，系统会使用默认属性。

（5）rmdir：删除空的目录。

① 语法如下：

```
rmdir [-p] 目录名称
```

② 实例演示：

```
[silver@localhost ~]$ rmdir test
[silver@localhost ~]$ ls
perl5  test1  test2
[silver@localhost ~]$ rmdir test1
rmdir：删除 "test1" 失败：目录非空
[silver@localhost ~]$ rmdir -p test1/test2/test3/
[silver@localhost ~]$ ls
perl5  test2
```

利用 -p 这个选项，立刻就可以将 test1/test2/test3 一次删除。但要注意的是，这个 rmdir 仅能删除空的目录，可以使用 "rm -rf" 命令来删除非空目录。

（6）touch：创建文件或者修改时间。

① 语法如下：

```
   Touch 文件名称
```

② 实例演示：

```
   #创建一个
   [silver@localhost ~]$ touch test.txt
   [silver@localhost ~]$ ls
   perl5  test2  test.txt
   #创建多个
   [silver@zkxs ~]$ touch  d.txt f.txt g.txt
   [silver@zkxs ~]$ ls
   b.txt  c.txt  cxfs  d.py  d.txt  f.txt  g.txt
```

（7）cp：复制文件或目录。

① 语法如下：

```
   cp [-adfilprsu] 来源档(source) 目标档(destination)
```

② 实例演示：

```
   [silver@localhost ~]$ cp test.txt  test2.txt
   [silver@localhost ~]$ ls
   perl5  test2  test2.txt  test.txt
   [silver@localhost ~]$ cp test.txt test2/ccc.txt
   [silver@localhost ~]$ ls test2
   ccc.txt
```

（8）rm：删除文件或目录。

① rm -i：删除前提示用户进行确认。

② rm -rf：强制删除目录。

实例演示：

```
   [silver@localhost ~]$ rm test2.txt
   [silver@localhost ~]$ ls
   perl5  test2  test.txt
   [silver@localhost ~]$ rm test2
   rm：无法删除"test2"：是一个目录
   [silver@localhost ~]$ rm -rf test2
```

```
[silver@localhost ~]$ ls
perl5  test.txt
```

（9）mv：移动文件与目录，或修改名称。

① 移动文件：

```
[silver@localhost ~]$ mkdir test
[silver@localhost ~]$ ls
perl5  test  test.txt
[silver@localhost ~]$ mv test.txt test
[silver@localhost ~]$ ls test/
test.txt
```

② 修改名称：

```
[silver@localhost ~]$ ls
perl5  test
[silver@localhost ~]$ mv test test1
[silver@localhost ~]$ ls
perl5  test1
```

2.5.2　文件内容查看指令

（1）cat：由第一行开始显示文件内容（常用）。

（2）tac：从最后一行开始显示。

（3）nl：显示的时候输出行号。

（4）more：一页一页地显示文件内容。

（5）less：与 more 类似，但是其可以往前翻页。

（6）head：只看前几行。

（7）tail：只看后几行。

（8）stat：文件详情。

（9）du：查看文件大小。

1. cat：查看文件内容

（1）利用 cat 查看文件：

```
#查看文件
[silver@localhost /]$ cat /etc/passwd
```

```
root:x:0:0:root:/root:/bin/bash
...（省略）
zkxs:x:1000:1000:zkxs:/home/zkxs:/bin/bash
silver:x:1001:1001::/home/silver:/bin/bash
```

（2）利用 cat 快速复制：

```
#利用 cat 与追加进行文件的快速复制
[silver@zkxs ~]$ cat b.txt
dsddsfsdifdsfsdfsdfdsf
[silver@zkxs ~]$ cat d.txt
[silver@zkxs ~]$ cat b.txt >> d.txt
[silver@zkxs ~]$ cat d.txt
dsddsfsdifdsfsdfsdfdsf
```

2．du：查看文件大小

（1）du -sh：查看整个文件大小。

（2）du -sh 文件名：查看单个文件大小。

（3）du -sh *：列出所有文件大小（"*" 在 Linux 中代表所有的意思）。

（4）df-h：查看磁盘分区大小。

实例演示：

```
[silver@zkxs ~]$ du -sh *
4.0K    a.txt
4.0K    b.txx
[silver@zkxs ~]$ df -h
Filesystem              Size  Used Avail Use% Mounted on
/dev/mapper/vg_zkxs-lv_root
                        18G   1.3G  16G   8% /
tmpfs                   491M  0     491M  0% /dev/shm
/dev/sda1               477M  28M   425M  7% /boot
```

2.5.3 重定向与追加

利用 echo 指令实现文件内容的重定向与追加。

实例演示：

```
#重定向
[silver@localhost ~]$ echo 'i love you' >a.txt
```

```
[silver@localhost ~]$ cat a.txt
i love you
[silver@localhost ~]$ echo '!!!' >a.txt
[silver@localhost ~]$ cat a.txt
!!!
#追加
[silver@localhost ~]$ echo 'i love you' >a.txt
[silver@localhost ~]$ cat a.txt
i love you
[silver@localhost ~]$ echo '!!!' >>a.txt
[silver@localhost ~]$ cat a.txt
i love you
!!!
```

重定向会覆盖原文件的内容，追加会在原文件中加入内容。

2.6　Linux 包操作

　　压缩有两个明显的好处：一是可以减少存储空间，二是通过网络传输文件时，可以减少传输的时间。在 Linux 中，我们使用标准压缩工具 gzip，以及 tar 包操作。

　　（1）命令格式：

```
tar -cvf 打包文件名 源文件
-c 打包
-v 显示过程
-f 指定打包后的文件名
```

　　（2）打包压缩：

```
tar -zcvf 压缩包名.tar.gz  源文件
```

　　（3）解包解压缩：

```
tar -zxvf 压缩包名.tar.gz
tar -zxvf 压缩包名.tar.gz -C 新目录
```

　　（4）实例演示：

```
#打包压缩
[echo@zkxs ~]$ ls
```

```
    a.txt  b.txt  c.txt  d.py  f.txt
    [echo@zkxs ~]$ tar -zcvf txt.tar.gz a.txt b.txt c.txt
    a.txt
    b.txt
    c.txt
    [echo@zkxs ~]$ ls
    a.txt  b.txt  c.txt  d.py  f.txt  txt.tar.gz
    #解包解压缩
    [echo@zkxs ~]$ mkdir txt
    [echo@zkxs ~]$ ls
    a.txt  b.txt  c.txt  d.py  f.txt  txt  txt.tar.bz2  txt.tar.gz
    [echo@zkxs ~]$ tar -zxvf txt.tar.gz -C txt
    [echo@zkxs ~]$ ls txt
    a.txt  b.txt  c.txt
```

Python 基础

3.1 Python 简介

Python 是一种面向对象的解释型计算机程序设计语言，创始人为吉多·范罗苏姆（Guido van Rossum），1989 年圣诞节期间，在阿姆斯特丹，Guido 为了打发圣诞节的无趣，决心开发一个新的脚本解释程序，作为 ABC 语言的一种继承。之所以选中 Python（大蟒蛇的意思）作为该编程语言的名字，是因为他是一个叫 Monty Python 的喜剧团体的爱好者。

现在，全世界差不多有 600 多种编程语言，但流行的编程语言也就那么 20 来种。IEEE 发布 2017 年编程语言排行榜：Python 高居首位。

3.1.1 Python 发行版

Python 2 发布于 2000 年底，相较于之前的版本，这是一种更加清晰和更具包容性的语言开发过程。

Python 3 被视为 Python 的未来，是目前正在开发中的语言版本。作为一项重大改革，Python 3 于 2008 年末发布以解决和修正以前语言版本的内在设计缺陷。Python 3 开发的重点是清理代码库并删除冗余，清晰地表明只能用一种方式来执行给定的任务。

在 2008 年 Python 3.0 发布之后，Python 2.7 于 2010 年 7 月 3 日发布，并计划作为 2.x 版本的最后一版。发布 Python 2.7 的目的在于，通过提供一些测量两者之间兼容性的措施，使

Python 2.x 的用户更容易将功能移植到 Python 3 上。这种兼容性支持包括了 2.7 版本的增强模块，如支持测试自动化的 unittest，用于解析命令行选项的 argparse，以及更方便的集合类。

Python 2.7 在 Python 2 和 Python 3.0 之间的早期迭代版本中具有特殊的地位，对许多具有鲁棒性的库具有兼容性，是程序员的优先选择。我们讨论 Python 2 时，通常指的是 Python 2.7 版本，因为它是最常用的版本。

3.1.2　Python 特点

既然有各种各样的编程语言可以选择，那么为什么要选择 Python 呢？主要有以下几个原因。

（1）最初创建 Python 语言的出发点就是为了便于学习，是目前所有计算机语言中最易读、最容易编写，也是最容易理解的编程语言。

（2）Python 是免费的。你可以下载 Python，还可以下载很多用 Python 编写的既好玩又有用的程序，所有这些都是免费的。

（3）Python 是开源（open source）软件。从某个角度来讲，"开源"的含义是指任何用户都可以扩展（extend）Python，也就是创建一些新"工具"。补充这些新工具后，就可以用 Python 做更多的事情，或者尽管是做同样的事情，但是有了这些新工具后会比原先更容易。

（4）Python 并不是一个"玩具"。确实，它非常适合学习编程，但实际上全世界每天都有成千上万的专业人士在使用这种语言，甚至包括类似 NASA（美国航空航天局）和 Google 这些机构的程序员。所以，学习 Python 后，你不用转换语言再去学一种"真正的"语言来编写"真正的"程序，很多工作都完全可以使用 Python 完成。

（5）Python 可以在各种不同类型的计算机上运行。Windows 电脑、苹果电脑和运行 Linux 的计算机上都可以使用 Python。大多数情况下，如果一个 Python 程序可以在你家里的 Windows 电脑上运行，那么这个程序同样可以在你学校的苹果电脑上运行，兼容性高。

3.2　Python 基础介绍

3.2.1　基础导引

Python 是一种计算机编程语言。计算机编程语言和我们日常使用的自然语言有所不同，最大的区别就是，自然语言在不同的语境下有不同的理解，而计算机要根据编程语言执行任务，就必须保证编程语言写出的程序绝不能有歧义。所以，任何一种编程语言都有自己的一套语法，编译器或者解释器就是负责把符合语法的程序代码转换成 CPU 能够执行的机器码，Python 也不例外。

Python 的语法比较简单,采用缩进方式代替一般高级语言的"{ }"括号对:

```
# 打印整数的绝对值:
a = 100
if a >= 0:
    print(a)
else:
    print(-a)
```

以 # 开头的语句是注释,注释可以供人更好地了解程序,可以是任意内容,解释器会忽略掉注释。其他每一行都是一个语句,当语句以冒号":"结尾时,缩进的语句被视为代码块,等同于其他编程语言的"{ }"。

缩进的好处是强迫你写出格式化的代码,但没有规定缩进是几个空格还是 Tab。一般编译器的默认设置都是 4 个空格的缩进。

Python 程序是大小写敏感的,如果写错了大小写,程序会报错。

3.2.2 变量

1. 变量名命名规则

(1)变量名由字母数字及下画线组成,且不能以数字开头。

(2)变量名区分大小写。

(3)以驼峰型(UserName 或 userName)或下画线拼接型(user_name)命名。

(4)不能以关键字为变量名。

(5)通常用大写来定义常量。

2. Python 关键字查询方法

进入 Python 命令行,输入"help()-------->keywords",即可查看 Python 所有关键字:

```
False       class       from        or
None        continue    global      pass
True        def         if          raise
and         del         import      return
as          elif        in          try
assert      else        is          while
async       except      lambda      with
await       finally     nonlocal    yield
break       for         not
```

3.2.3 数据类型

计算机，顾名思义就是可以做数学计算的机器。因此，计算机程序理所当然地可以处理各种数值。但是，计算机能处理的远不止数值，还可以处理文本、图形、音频、视频、网页等各种各样的数据，不同的数据，需要定义不同的数据类型。在 Python 中，能够直接处理的数据类型有以下几种。

1. 整数（int）

Python 可以处理任意大小的整数，当然包括负整数，在程序中的表示方法和数学上的写法一模一样。例如，1，100，–8080，0，等等。

2. 字符串（str）

字符串可以是以单引号或者双引号括起来的任意文本，如 'asd'，"qwe"。二者没有优先级之分并且可以相互包含，如 "QWE 'zxc' ZXC"、'QWE "zxc" ZXC'，这两个字符串都是包含了 11 个字符，单引号和双引号各占一个字符。还有一种，即三引号也可以描述字符串，但是更多地用于多行注释。

3. 布尔值

布尔值和布尔代数的表示完全一致，一个布尔值只有 True、False 两种，非 True 即 False。

4. 列表（list）

列表是一个有序集合，定义列表无须指定长度及类型，一个列表内可以包含多种数据类型，如[1, 2, 3, "asd", ["a", "b", 5]]，这个列表里包含了数字、字符串、列表三种数据类型，五个元素。

5. 字典（dict）

字典是一个简单的结构，也叫关联数组。Python 中内置了字典 dict，全称 dictionary，在其他语言中也称为 map，使用键-值（key-value）存储，具有极快的查找速度。例如，{'name'：'xw'，'age'：12}这是一个含有两对键值对的字典。字典的键必须是不可变类型的，且是唯一的。

6. 元组（tuple）

元组与列表类似，不同之处在于元组的元素不能修改。元组使用小括号，列表使用方括号，如（1, 2.5, 'asd'），其是一个含有 3 个元素的元组。

7. 集合（set）

集合是一个无序、不重复元素的集。由于其不重复的特性，经常用于去重，如{1, 2, 3, 'a'}。

8. 可变与不可变类型

Python 数据类型根据对该类型数据进行操作后内存地址是否会变化[内存地址可以通过 id(变量名)函数去查找]分为可变与不可变类型。其中，可变类型包括列表、字典、集合，不可变类型为字符串、数字、元组、布尔值。另一种判断对象是否可变的办法是用 hash（object）函数，可 hash 的为不可变类型，不可 hash 的为可变类型。

3.2.4　条件语句

1. if 语句

if 语句用于多条件判断，当满足当前条件，即为 True 时，会执行该代码块，如：

```
a = 10
if a > 10:
print（"a 大于 10"）

# 结果：a 大于 10
```

如果不满足 if 后面的条件，则无任何语句输出。

2. else 语句

为了防止程序无任何输出，可以引入 else 语句。当不满足 if 条件时，会继续执行 else 部分的代码块，如：

```
a = 10
if a < 10:
print（"a 小于 10"）
else:
print（"a 不小于 10"）

# 结果：a 不小于 10
```

3. elif 语句

当有多个条件并且需要在满足某个条件时做某件事，可以用 elif 语句，如：

```
a = 10
if a  < 10:
print("a 小于 10")
elif a == 10:
    print("a 等于 10")
else:
print("a 不小于 10")

# 结果：a 等于 10
```

3.2.5　循环语句

1. while 循环

当满足 while 后面的条件时，会一直循环执行代码块，直至遇到结束语句或不满足 while 条件为止，如：

```
i =  0
while i < 3:
print("当前循环次数：", i)
i = i + 1

# 结果
当前循环次数：  0
当前循环次数：  1
当前循环次数：  2
```

2. for 循环

与 while 循环的区别是，while 循环用于判断是否满足循环条件，而 for 循环更多用于遍历一个可迭代对象（如 list、str、tuple 等），如：

```
li1 = [1, 2, 3, 4]
for num in li1:
print("当前循环次数：", num)

# 结果
当前循环次数：  1
当前循环次数：  2
当前循环次数：  3
```

```
当前循环次数：  4
```

3.2.6　切片操作

1．可切片数据类型

可以切片的数据类型包括列表、元组及字符串，三者均属于序列对象。

2．索引

索引即编号，序列对象的每个元素都有一个对应的编号，从左往右以 0 开始编号。

3．切片：序列对象[起始索引：尾端索引：步长]

将可切片对象按索引取出部分数据，如：

```
        li1 = [1, 2, 3, 4]
        >>> li1[1:3]   # 根据顾头不顾尾原则，即当切片尾端索引位为 3 时只能取到索引位为 2 的
数据
        [2, 3]
        >>> li1[1:]   # 尾端索引参数未传时默认切到最后一个元素
        [2, 3, 4]
        >>> li1[:3]   # 起始索引参数未传时默认从第一个元素开始切
        [1, 2, 3]
```

切片时可加入**步长**规律跳过部分数据，如：

```
        >>> li = [1,2,3,4,5,6,7,8,9,3,4,5,6,8,1,2]
        >>> li[2:9:2]   # 加入步长，默认为 1
        [3, 5, 7, 9]
```

既然可以正着按顺序切，当然也可以反着切，即倒序，如：

```
        >>> li = [1,2,3,4,5,6,7,8,9,3,4,5,6,8,1,2]
        >>> li[-1:-9]   # 倒切必须加步长，得到空列表是因为默认步长为正，而切片的顺序却是
负着取的
        []
        >>> li[-1:-9:-1]
        [2, 1, 8, 6, 5, 4, 3, 9]
        >>> li[::-1]   # 将列表翻转输出
        [2, 1, 8, 6, 5, 4, 3, 9, 8, 7, 6, 5, 4, 3, 2, 1]
```

以上切片方法适用于所有序列。

3.3 数据常用操作方法

3.3.1 字符串常见操作

1．capitalize()

返回原字符串的副本，其首个字符大写，其余为小写，即将该字符串的首字母大写并返回为一个新的字符串，如：

```
>>> a = 'asdAsd'
>>> a.capitalize()
'Asdasd'
>>> a
'asdAsd'
```

2．center(width[, fillchar])

返回长度为 width 的字符串，原字符串在其正中。使用指定的 fillchar 填充两边的空位（默认使用 ASCII 空格符，并优先填充左边）。如果 width 小于或等于原字符串的长度，则返回原字符串的副本，如：

```
>>> a = 'asdAsd'
>>> a.center(10)
'  asdAsd  '
>>> a.center(1)   # 长度不够，返回原字符串的副本
'asdAsd'
```

注意：中括号内为非必需字符。

3．ljust（width[, fillchar]）

返回长度为 width 的字符串，原字符串在其中靠左对齐。使用指定的 fillchar 填充空位（默认使用 ASCII 空格符）。如果 width 小于或等于原字符串的长度，则返回原字符串的副本。

4．rjust（width[, fillchar]）

返回长度为 width 的字符串，原字符串在其中靠右对齐。使用指定的 fillchar 填充空位（默认使用 ASCII 空格符）。如果 width 小于或等于原字符串的长度，则返回原字符串的副本。

5．count(sub[, start[, end]])

返回子字符串 sub 在[start, end]范围内非重叠出现的次数。可选参数 start 与 end 会被解读

为切片表示法。此处大小写敏感，如：

```
>>> a = 'asdAsd'
>>> a.count('a',1)  # 大小写敏感
0
>>> a.count('s',1)  # 未传 end 值时默认匹配到最后
2
```

6. endswith(suffix[, start[, end]])

如果字符串以指定的 suffix 结束，则返回 True，否则返回 False。suffix 也可以为由多个供查找的后缀构成的元组。如果有可选项 start，将从指定位置开始检查。如果有可选项 end，将在指定位置停止比较。例如：

```
>>> a = "test.png"
>>> b = ("jpg", "png")
>>> a.endswith(b)
True
>>> a.endswith(b,2,5)
False
>>> a = "test.txt"
>>> a.endswith(b)
False
```

7. find(sub[, start[, end]])

返回子字符串 sub 在[start:end]切片内被找到的最小索引。可选参数 start 与 end 会被解读为切片表示。如果 sub 未被找到，则返回-1。例如：

```
>>> a = 'asdAsd'
>>> a.find('As')
3
>>> a.find('As', 1, 3)
-1
```

注：该方法应用在需要知道某个子字符串所在的位置，而非检查 sub 是否是子字符串，这应该用 in 方法去检查，如：

```
>>> a = 'asdAsd'
>>> "asd" in a
True
```

```
>>> "ad" in a
False
```

8. index(sub[, start[, end]])

类似于 find()，但在找不到子字符串时会报 ValueError 错误，如：

```
>>> a = 'asdAsd'
>>> a.index('te')  # 未找到引发错误
Traceback (most recent call last):
  File "<stdin>", line 1, in <module>
ValueError: substring not found
>>> a.index("d")
2
```

9. join(iterable)

返回一个由 iterable 中的字符串拼接而成的字符串。如果 iterable 中存在任何非字符串值（包括 bytes 对象），则会引发 TypeError。调用该方法的字符串将作为 iterable 各元素之间的分隔。例如：

```
>>> a = 'asdAsd'
>>> " ".join(a)
'a s d A s d'
>>> "-".join(["a", "b", "c"])
'a-b-c'
>>> "-".join(["a", "b", "c", 1])  # iterable 中存在的非字符串值，引发错误
Traceback (most recent call last):
  File "<stdin>", line 1, in <module>
TypeError: sequence item 3: expected str instance, int found
>>> "-".join(["a", "b", "c", b'e'])  # iterable 中存在 bytes 对象，引发错误
Traceback (most recent call last):
  File "<stdin>", line 1, in <module>
TypeError: sequence item 3: expected str instance, bytes found
```

10. lower()

返回原字符串的副本，其所有区分大小写的字符均转换为小写，如：

```
>>> a = 'asdAsd'
>>> a.lower()
'asdasd'
```

```
>>> "ADASFAWFE1".lower()
'adasfawfe1'
```

11．upper()

返回原字符串的副本，将所有区分大小写的字符均转换为大写。

12．replace(old, new[, count])

返回字符串的副本，其中出现的所有子字符串 old 都将被替换成 new。如果给出了可选参数 count，则只替换前 count 次出现的。例如：

```
>>> a = 'asdAsd'
>>> a.replace('sd','aa')
'aaaAaa'
>>> a.replace('sd','aa',1)
'aaaAsd'
```

13．split(sep=None, maxsplit=-1)

返回一个由字符串内单词组成的列表，使用 sep 作为分隔字符串。如果给出了 maxsplit，则对 maxsplit 进行多次拆分（maxsplit 为 1，列表最多会有 maxsplit+1 个元素）。如果 maxsplit 未指定或为-1，则不限制拆分次数（进行所有可能的拆分）。

如果 sep 的值不为 None，则字符串中连续的 sep 并不会被组合在一起，而是默认其中间存在一个空字符，sep 参数可以由多个字符组成，使用指定的分隔符拆分空字符串将返回[']。例如：

```
>>> a = "1,2,3,4,5,6,7"
>>> a.split(",")
['1', '2', '3', '4', '5', '6', '7']
>>> a.split(",", 3)
['1', '2', '3', '4,5,6,7']
>>> '1,2,,3,'.split(',')  # 默认两个分隔符中间存在空字符串
['1', '2', '', '3', '']
>>> "1<>2<>3".split('<>')  # sep 的值可以是多个字符
['1', '2', '3']
```

如果 sep 未指定或为 None，则会应用另一种拆分算法：连续的空格会被视为单个分隔符，如果字符串包含前缀或后缀空格，则其结果将不包含开头或末尾的空字符串。因此，使用 None 拆分空字符串或仅包含空格的字符串将返回[]。例如：

```
>>> '1 2 3'.split()
['1', '2', '3']
>>> '1 2 3'.split(maxsplit=1)
['1', '2 3']
>>> '   1   2   3   '.split()
['1', '2', '3']
```

14. strip([chars])

返回原字符串的副本，移除字符串两端符合条件的字符，chars 参数为空时默认移除两端的空白字符。实际上 chars 参数并非指定单个前缀或后缀，而是移除 chars 内字符的所有组合，即将字符串两端的字符从**外到内**逐一和 chars 内的字符比对，满足条件的都会被移除，直到匹配到不符合要求的为止。例如：

```
>>> "   b a s   ".strip()  # 默认移除两端的空白字符
'b a s'
>>> "   b a s   ".strip('a b')  # 会移除 chars 内所有满足条件的字符
's'
```

15. lstrip([chars])

返回原字符串的副本，并移除原字符串左侧符合要求的字符，默认移除空白字符。

16. rstrip([chars])

返回原字符串的副本，并移除原字符串右侧符合要求的字符，默认移除空白字符。

17. title()

返回原字符串的标题版本，即将每个单词的首字母大写，其余字母小写。例如：

```
>>> "heLlo woRld".title()
'Hello World'
```

18. istitle()

判断是否符合 title()函数要求的格式，满足即返回 True，否则返回 False。例如：

```
>>> "heLlo woRld".istitle()
False
```

19. removeprefix(prefix)

如果字符串以 prefix 开头，按切片返回 str[len(prefix):]，否则返回原字符串的副本。例如：

```
>>> 'TestHook'.removeprefix('Test')
'Hook'
>>> 'BaseTestCase'.removeprefix('Test')
'BaseTestCase'
```

20. removesuffix（suffix）

如果字符串以 suffix 结尾，按切片返回 str[:-len(suffix)]，即移除后缀，否则返回原字符串的副本。

21. len()

返回字符串的长度，如：

```
>>> a = "asdasfdsdfsf"
>>> len(a)
12
```

3.3.2　列表常见操作

1. append（元素）

将元素追加到列表中的最后一位，如：

```
li1 = [1, 2, 3, 4]
>>> li1.append(9)
>>> li1
[1, 2, 3, 4, 9]
```

2. extend（元素）

与 append 类似，都是将元素追加到列表的最后一位，但是 extend 可以将一个完整的序列拆开，将元素逐一追加到列表里。扩展（extend）字典元素时，只会将字典的键追加在列表最后。例如：

```
li1 = [1, 2, 3, 4,9]
>>> a = "asd"
>>> li1.append(a)
>>> li1
[1, 2, 3, 4, 9, 'asd']
>>> li1.extend(a)
>>> li1
```

```
[1, 2, 3, 4, 9, 'asd', 'a', 's', 'd']
>>> li2 = [1,2,3,4,5,6]
>>> dic= {"a":1,"b":2}
>>> li2.extend(dic)  # extend字典
>>> li2
[1, 2, 3, 4, 5, 6, 'a', 'b']
```

3. insert(index, object)

根据指定索引（index），在前面插入元素（object），如：

```
li1 = [1, 2, 3, 4]
>>> li1.insert(2,9)
>>> li1
[1, 2, 9, 3, 4]
```

4. in

用于判断某个元素是否存在于列表中，如：

```
li1 = [1, 2, 3, 4]
>>> 9 in li1
False
>>> 1 in li1
True
```

5. index(object)

返回 object 在列表中的最小索引位，也可以设置索引区间，如果不存在，则会引发 ValueError。此处大小写敏感。例如：

```
a = ['a', 'b', 'c', 'a', 'b']
>>> a.index("a")
0
>>> a.index("a",1,3)  # 未找到，引发 ValueError
Traceback (most recent call last):
  File "<stdin>", line 1, in <module>
ValueError: 'a' is not in list
```

6. count(object)

计算 object 在列表中出现的次数，此处大小写敏感，并且不可设置索引区间。例如：

```
a = ['a', 'b', 'c', 'a', 'b']
```

```
>>> a.count("A")
0
>>> a.count("a")
2
```

7．pop()

删除列表中最后一个元素并返回，如：

```
a = ['a', 'b', 'c', 'a', 'b']
>>> a.pop()
'b'
```

8．del index

根据 index 位删除相应元素，如：

```
 a = ['a', 'b', 'c', 'a', 'b']
>>> del a[2]
>>> a
['a', 'b', 'a', 'b']
```

9．remove（object）

移除列表中指定的元素（object）。如果存在多个，则会移除最小索引位的那个元素；如果不存在，则会引发 ValueError。例如：

```
 a = ['a', 'b', 'a', 'b']
>>> a.remove("c")
Traceback (most recent call last):
  File "<stdin>", line 1, in <module>
ValueError: list.remove(x): x not in list
>>> a.remove("b")
>>> a
['a', 'a', 'b']
```

10．reverse()

将列表翻转，类似用切片（步长为-1），但是 reverse 函数是在原函数的基础上修改的，并不会返回新函数。例如：

```
 a = ['a', 'b', 'b']
>>> a.reverse()
```

```
>>> a
['b', 'a', 'a']
>>> a[::-1]
['a', 'a', 'b']
>>> a
['b', 'a', 'a']
```

11. sort()

sort 方法可以将列表重新排序，默认从小到大排序。设置参数 "reverse=True"，可以改为倒序。例如：

```
li = [4,5,3,8,1,6,8,9,1,7,3,6,4]
>>> li.sort()
>>> li
[1, 1, 3, 3, 4, 4, 5, 6, 6, 7, 8, 8, 9]
>>> li.sort(reverse=True)
>>> li
[9, 8, 8, 7, 6, 6, 5, 4, 4, 3, 3, 1, 1]
```

12. len（列表）

返回列表的元素个数，如：

```
li = [4,5,3,8,1,6,8,9,1,7,3,6,4]
>>> len(li)
13
```

如果想要修改列表里的某个元素，可以通过索引实现并重新赋值，如：

```
a = ['a', 'b', 'c', 'a', 'b']
>>> a[3]="d"
>>> a
['a', 'b', 'c', 'd', 'b']
```

3.3.3 字典常见操作

1. len(dic)

返回 dic 中的键值对数，如：

```
{'a': 1, 'b': 2}
```

```
dic = {'a': 1, 'b': 2}
>>> len(dic)
2
```

2．keys()

该方法用于获取字典中的所有键并返回一个视图对象，该对象提供字典条目的一个动态视图，意味着当字典改变时，视图也会相应改变。例如：

```
dic = {'a': 1, 'b': 2}
>>> a = dic.keys()
>>> a
dict_keys(['a', 'b'])
>>> dic["f"]=9
>>> dic
{'a': 1, 'b': 2, 'f': 9}
>>> a
dict_keys(['a', 'b', 'f'])
```

该对象可以通过循环获取但是不能通过索引取值。

3．values()

与 keys()方法类似，此方法返回由字典的值组成的一个新视图。

4．items()

此方法返回由字典的键值对组成的一个新视图。

5．list(dic)

返回 dic 中所有键组成的列表，如：

```
dic={'a': 1, 'b': 2, 'f': 9}
>>> list(dic)
['a', 'b', 'f']
```

6．dic[key]

根据 key 在 dic 中取值，返回结果为 dic 中以 key 为键的值。如果 dic 中不存在此 key，则会引发 KeyError。例如：

```
dic = {'a': 1, 'b': 2}
>>> dic["a"]
```

```
1
```

7. get(key[,default])

如果 key 存在于字典中，则返回 key 的值，否则返回 default。如果 default 未给出，则默认输出 None，因此 get 方法不会引发 KeyError。例如：

```
dic = {'a': 1, 'b': 2}
>>> dic.get("b")
2
>>> dic.get("c")
None
>>> dic.get("c", 3)
3
```

8. dic[key] = value

如果 dic 中存在此 key，则将其值修改为 value；如果不存在，则在 dic 中追加一对 key:value 的键值对。例如：

```
dic = {'a': 1, 'b': 2}
>>> dic["c"] = 3
>>> dic
{'a': 1, 'b': 2, 'c': 3}
>>> dic["c"] = "3"
>>> dic
{'a': 1, 'b': 2, 'c': '3'}
```

9. setdefault(key[, default])

如果字典存在键 key，则返回该 key 对应的值；如果不存在，则插入值为 default 的键 key，并返回 default。default 未给出，则默认为 None。例如：

```
dic = {'a': 1, 'b': 2}
>>> dic.setdefault("a")
1
>>> dic.setdefault("c")
>>> dic
{'a': 1, 'b': 2, 'c': None}
>>> dic.setdefault("d",4)
4
```

10. update([other])

如果 other 的值是一个字典，则将 other 的键值对加到原字典中，若存在键相同的情况，则以 other 的值优先；如果 other 是一些关键字参数，则会以其所指定的键值对更新字典。例如：

```
dic = {'a': 1, 'b': 2}
>>> d = {"a":5, "e":9}
>>> dic.update(d)
>>> dic
{'a': 5, 'b': 2, 'e': 9}
>>> dic.update(c=3, d=5)
>>> dic
{'a': 5, 'b': 2, 'e': 9, 'c': 3, 'd': 5}
```

11. d | other

合并 d 和 other 中的键值对来创建一个新的字典，两者必须都是字典。当 d 和 other 有相同键时，other 的值优先。例如：

```
dic = {'a': 1, 'b': 2}
>>> d = {"a":5, "c":3}
>>> dic | d
{'a': 5, 'b': 2, 'c': 3}
```

12. d |= other

用 other 的键值对更新字典 d，other 可以是 mapping 或 iterable 的键值对。当 d 和 other 有相同键时，other 的值优先。例如：

```
dic = {'a': 1, 'b': 2}
>>> d = {"a":5, "c":3}
>>> dic |= d
>>> dic
{'a': 5, 'b': 2, 'c': 3}
```

13. del dic[key]

将 dic[key]从 dic 中移除。如果 dic 中不存在 key，则会引发 KeyError。例如：

```
dic = {'a': 1, 'b': 2}
>>> del dic["a"]
>>> dic
```

```
{'b': 2}
>>> del dic["a"]
Traceback (most recent call last):
  File "<stdin>", line 1, in <module>
KeyError: 'a'
```

14. pop(key[,default])

如果 key 存在于字典中，则将其移除并返回其值，否则返回 default。如果 default 未给出且 key 不存在于字典中，则会引发 KeyError。例如：

```
dic = {'a': 1, 'b': 2}
>>> dic.pop("a")
1
>>> dic.pop("c")
Traceback (most recent call last):
  File "<stdin>", line 1, in <module>
KeyError: 'c'
>>> dic.pop("c", "d")
'd'
```

15. clear()

移除字典中的所有元素，如：

```
dic = {'a': 1, 'b': 2}
>>> dic.clear()
>>> dic
{}
```

16. reversed(dic)

返回一个逆序获取字典键的迭代器，如：

```
dic = {'a': 1, 'b': 2}
>>> reversed(dic)
<dict_reversekeyiterator object at 0x7f288d9b9cc0>
for i in reversed(dic):
print(i)
# b a
```

3.3.4　集合常见操作

1．set | other | ...

计算并集，返回一个新的集合，为所有集合的元素，如：

```
>>> s1 = {1,2,3,4}
>>> s2 = {0,7,8,3,1,4,3}
>>> s1 | s2
{0, 1, 2, 3, 4, 7, 8}
```

2．set |= other |= ...

更新集合，将其他集合中的元素均添加到 set 中，如：

```
>>> s1 = {1,2,3,4}
>>> s2 = {0,7,8,3,1,4,3}
>>> s1 |= s2
>>> s1
{0, 1, 2, 3, 4, 7, 8}
```

3．set & other & ...

计算交集，返回一个由所有集合共有的元素组成的新集合，如：

```
>>> s1 = {1,2,3,4}
>>> s2 = {0,7,8,3,1,4,3}
>>> s1 & s2
{1, 3, 4}
```

4．set &= other &= ...

更新集合，只保留其中在所有其他集合中也存在的元素。

5．set - other - ...

返回一个新集合，其中包含原集合中在 other 指定的其他集合中不存在的元素，如：

```
>>> s1 = {1,2,3,4}
>>> s2 = {0,7,8,3,1,4,3}
>>> s1 - s2
{2}
>>> s1 - s2 -{2}
set()
```

6. add(elem)

将元素 elem 添加到集合中，如：

```
>>> s1 = {1,2,3,4}
>>> s1.add(9)
>>> s1
{1, 2, 3, 4, 9}
```

7. remove(elem)

从集合中移除 elem。如果 elem 不存在于集合中，则会引发 KeyError。例如：

```
>>> s1 = {0,7,8,3,1,4,3}
>>> s1.remove(8)
>>> s1
{0, 1, 3, 4, 7}
>>> s1.remove(9)
Traceback (most recent call last):
  File "<stdin>", line 1, in <module>
KeyError: 9
```

8. discard(elem)

如果 elem 存在于集合中，则将其移出，无返回值。例如：

```
>>> s1 = {0,7,8,3,1,4,3}
>>> s1.discard(8)
>>> s1
{0, 1, 3, 4, 7}
```

9. clear()

将集合清空，如：

```
>>> s1 = {0,7,8,3,1,4,3}
>>> s1.clear()
>>> s1
set()
```

3.3.5 元组常见操作

1. 元组拼接

将两个元组拼接并返回一个新的元组，如：

```
>>> t1 = (1,2,3,4,5,6)
>>> t2 = (7,8,9,45,12,3)
>>> t1+t2
(1, 2, 3, 4, 5, 6, 7, 8, 9, 45, 12, 3)
```

2. 切片操作

元组可以进行切片操作，如：

```
>>> t1 = (1,2,3,4,5,6)
>>> t1[1:4:2]
(2, 4)
```

3. len(t)

返回元组的长度，如：

```
>>> t1 = (1,2,3,4,5,6)
>>> len(t1)
6
```

4. max(t)

返回元组的最大值，如：

```
>>> t1 = (1,2,3,4,5,6)
>>> max(t1)
6
```

5. min()

返回元组的最小值，如：

```
>>> t1 = (1,2,3,4,5,6)
>>> min(t1)
1
```

6. index(elem[, start[, end]])

返回 elem 在元组中出现的最小索引，可以加入[start:end]的切片查找。如果不存在，则会引发 ValueError。例如：

```
>>> t1 = (1,2,3,4,5,6)
>>> t1.index(3)
```

```
2
>>> t1.index(3,0,2)
Traceback (most recent call last):
  File "<stdin>", line 1, in <module>
ValueError: tuple.index(x): x not in tuple
```

7．count(elem)

返回 elem 在元组中出现的次数，如：

```
>>> t1 = (1,2,3,4,5,6)
>>> t1.count(2)
1
```

3.3.6　逻辑运算

逻辑运算主要包括与（and）、或（or）、非（not）三种。用 and 做逻辑判断时，需要所有条件都为 True 时结果才会为 True；or 只需要一方条件为 True 即可使结果为 True。当三者在同一判断语句中时，三者的优先级为 not>and>or。

3.4　函数

3.4.1　函数简介

在开发程序中难免会遇到需要多次重复用到某个代码块，为了提高编写效率，解决代码的重用，将部分共用的代码块组织成为一个代码块，这就是函数。

函数的定义和调用如下：

```
def 函数名(argument-list):
"""注释及函数功能介绍"""
...
函数体
return 返回值

# 调用
函数名(argument-list)
```

3.4.2　参数（argument-list）

1．实参与形参

（1）形参：即形式参数，仅用于接收调用该函数时传递的参数。

（2）实参：即具有实际意义的参数，可以是几种数据类型中的任意一种，也可以是已定义的变量。

例如：

```
def function(argument):    # 形参
函数体
Function(argument)         # 实参
```

2．位置参数

即定义函数时用来接收数据的参数与调用函数时传递的参数位置相对应的参数。传递参数时，实参必须与形参的顺序一一对应。例如：

```
def function(number, string):
print("数字为%d"%number)
print("字符串为%s"%string)
...

function(1, "test")  # 位置一一对应
function("test", 1)  # 顺序不对应将导致函数内接收到的参数错误
function(1)  # 缺少参数也将会引发 TypeError 错误

# 传递参数时，位置参数必须一一对应，并且一个参数也不能缺
```

3．默认值参数

在定义函数时，如果大部分调用传递给该参数的值都是一样的，为了减少重复操作，可以给此参数设定一个默认值。在调用拥有默认值的参数时，如果想要传递的值与其值相同，则对于调用此参数时可以不传值。例如：

```
def function(number, string="test"):  # 位置参数，默认值参数
...

function(1)  # 只给位置参数传参，拥有默认值的参数可以不传递参数
function(1, "first")  # 当然，如果默认值参数的值不满足要求了，也可以重新传值
```

4. 关键字参数

为了增加函数的可读性，并减少对于参数顺序的要求，可以在定义函数的时候设定键值对类型的关键字参数，此时在调用函数传递参数时只需要以键值对的形式传递即可，无须按位置顺序一一对应。例如：

```
        def function(number, string, li):
        ...

        function(string="test", li=[1,2,3], number=1)  # 使用关键字参数传参，无顺
序要求
        function(number=1, "test", li=[1,2,3])  # 错误，有位置参数时必须将位置参数
放第一位，关键字参数无顺序要求
        function(1, li=[1,2,3], string="test")  # 第一个实参非关键字参数，则默认其
对应为第一个形参 number 的位置参数，后面的关键字参数无顺序要求
```

5. 可变参数

（1）*args：用于接收调用函数时传递的多余位置参数，存放在元组内。

（2）**kwargs：用于接收调用函数时传递的多余关键字参数，存放在字典内。

用*args 接收参数示例如下：

```
        def function(number, string, li, *args):
        print(args)  # (4,5,6,7)
        print(*args)  # 4,5,6,7

        function(1, "test", [1,2,3], 4, 5, 6, 7)
```

用**kwargs 接收参数示例如下：

```
        def function(number, string, li, **kwargs):
        print(kwargs)  # {"a":4, "b":5, "c":6, "d"=7}

        function(number=1, string="test", li=[1,2,3], a=4, b=5, c=6, d=7)
```

混合使用示例如下：

```
        # 混合使用时形参顺序：位置参数，*args，默认值参数，**kwargs
        def function(number, *args, string, name="", **kwargs):
            print(number, string, name)  # 1 first xw
            print(args)  # ('test', 4, 5, 6, 7)
```

```
    print(kwargs)  # {'a': 1, 'b': 2}

function(1, "test", 4, 5, 6, 7, string="first", name="xw", a=1, b=2)
```

注：位于二者之间的参数无论有没有默认值，在传递参数时都必须以关键字的形式传递。

3.4.3　局部变量与全局变量

1. 局部变量

局部变量，即函数内部定义的变量，仅限在此函数内部调用，在函数外无法调用。例如：

```
def function():
    a = True  # 定义局部变量
    if a:
        print("hello world")  # hello world  （函数内部调用局部变量 a 成功）
function()
if a:
    print("test")  # NameError: name 'a' is not defined  （函数外部调用局
部变量 a 失败）
```

2. 全局变量

全局变量，即定义在函数外部的变量，在此文件所有函数内均可调用。例如：

```
a = True  # 定义全局变量
def function():
    if a:
        print("hello world")  # hello world  （函数内部调用全局变量 a 成功）
function()
if a:
    print("test")  # test  （函数外部调用全局变量 a 成功）
```

3. global 语句

global 语句用于将局部变量修改为全局变量，如：

```
def function():
    global a  # 将局部变量 a 声明为全局变量  （global 声明必须在变量定义之前，否
则将会引发 SyntaxError）
    a = True  # 定义局部变量
        if a:
```

```
        print("hello world")  # hello world  （函数内部调用变量 a 成功）
function()
if a:
    print("test")  # test  （函数外部调用变量 a 成功）
```

3.4.4 返回值

函数返回值即 return 语句后的内容。函数返回值既可以是一个变量，也可以是任意一种数据类型的数据。当然也可以有多个返回值或者无任何返回值。

（1）无返回值，如：

```
    def function(a, b):
        c = a+b
    print("c 的值为%d" % c)



    res = function(1,2)  # 用变量承接函数返回值，在未给出返回值时，res 的值默认为None
    print(res)  # None
```

（2）返回单个值，如：

```
    def function(a, b):
        c = a+b
    return c

    res = function(1,2)
    print(res)  # 3
```

（3）返回多个值，如：

```
    def function(a, b):
        c = a+b
    return c, a, b  # 返回多个值时用逗号隔开

    res1, res2, res3 = function(1,2)  # 函数有多个返回值时，用一个变量承接时，得
到的是一个元组。如果想得到单个数值，需要用对应数量的变量来承接，否则会引发 ValueError
    print(res1, res2, res3)  # 3, 1, 2
    res = function(1,2)
    print(res)  # (3,1,2)
    result1,result2 = function(1,2)  # 引发 ValueError
```

3.4.5　递归函数

函数在内部调用自身的称为递归函数，但递归函数必须有结束条件。

下面定义一个函数来计算阶乘：

```
def fact(num):
if num == 1:
    return 1
result = num*fact(num-1)
return result


print(fact(5))  # 120
```

3.4.6　匿名函数

匿名函数，即 lambda 函数，也叫一句话函数，即不用定义函数名，只需要一句话即可完成函数定义。常用于函数内容较少，一个表达式即可完成的函数。例如：

```
def func(a,b):  # 正常函数定义
Return a+b
print(func(1,2))  # 3
# 匿名函数
res = lambda a,b:a+b
Print(res(1,2))  # 3
```

3.4.7　列表推导式

列表推导式是构建列表的一种较快捷的方法，可以通过循环语句直接生成列表，简化构建列表的方式。

（1）直接生成列表：

```
# 创建一个含有10个数字的列表
# 方式一
li = [0, 1, 2, 3, 4, 5, 6, 7, 8, 9]
# 方式二
li = []
For i in range(10):
```

```
li.append(i)
print(li)
# 方式三
li = [i for i in range(10)]
print(li)

#结果
[0, 1, 2, 3, 4, 6, 7, 8, 9]
```

（2）带表达式生成列表：

```
li = [i * 2 for i in range(5)]
print(li)

#结果
[0, 2, 4, 6, 8]
```

（3）加 if 条件生成列表：

```
li = [i * 2 for i in range(5) if i != 3]
print(li)

# 结果
[0, 2, 4, 8]
```

（4）多个 for 循环生成列表：

```
>>> [a for b in range(3,8) for a in range(5) if a == b]
[3, 4]
>>> [(a,b) for b in range(3,6) for a in range(1,4)]
[(1, 3), (2, 3), (3, 3), (1, 4), (2, 4), (3, 4), (1, 5), (2, 5), (3, 5)]
```

3.4.8 字典推导式

字典推导式其实也是由列表推导式演变而来的，二者均由 for 循环生成。例如：

```
>>> {key: value for key in "python" for value in range(3,9)}
{'p': 8, 'y': 8, 't': 8, 'h': 8, 'o': 8, 'n': 8}  # 由于列表中键是唯一
的，所以后面的值会覆盖前面的值，即得到此结果
>>> dic = {key: key*2 for key in range(3,9)}
>>> dic
```

```
{3: 6, 4: 8, 5: 10, 6: 12, 7: 14, 8: 16}
>>> dic[3]
6
```

3.4.9　常用内置函数

1. len(s)

返回对象 s 的长度（元素个数）。s 可以是序列（如 str、bytes、tuple、list 或 range 等）或集合[dic、set 或 frozen set（用于返回一个不可修改的集合）]。

2. range(start, stop[, step])

range 函数用于生成一个序列，start 为起始值，stop 为结束值，step 为步长。start 默认值为 0，step 默认值为 1。step 如果设置为 0，会引发 ValueError。stop 为必须值。三者均为位置参数，所以如果想要加入 step，必须先设置 start，即使 start 为 0 也必须写出占位。如果 start 大于 stop，则 step 也必须设置为负数，否则得到空值。例如：

```
# 无起始值，无步长
>>> list(range(10))
[0, 1, 2, 3, 4, 5, 6, 7, 8, 9]
# 有起始值，无步长
>>> list(range(1,11))
[1, 2, 3, 4, 5, 6, 7, 8, 9, 10]

# 加步长必须设起始值
>>> list(range(0,10,3))
[0, 3, 6, 9]
# 结束值小于起始值，未加步长返回空值
>>> list(range(0,-10))
[]
# 结束值小于起始值，加入负步长得到值
>>> list(range(10,0,-1))
[10, 9, 8, 7, 6, 5, 4, 3, 2, 1]
```

3. reversed()

返回一个反向的迭代器，如：

```
li = ["A","B","C","D"]
>>> reversed(li)
```

```
<list_reverseiterator object at 0x7fbfde2d6640>
>>> for i in reversed(li):
...     print(i)
...
D
C
B
A
>>>
```

4．sorted(iterable, key=None, reverse=False)

根据 iterable（可迭代对象）中的项返回一个新的已排序的列表。具有两个可选参数，但都必须指定为关键字参数。

key 指定带有单个参数的函数，用于从 iterable 的每个元素中提取用于比较的键。默认值为 None（直接比较元素）。

reverse 为一个布尔值。如果设为 True，则每个列表元素将按反向顺序比较进行排序。

例如：

```
li = [5, 4, 7, 8, 1, 3, 6, 2, 9]
s = "AsdefaSF"
dic = {'A': 5, 'C': 4, 'B': 2}
>>> sorted(li)
[1, 2, 3, 4, 5, 6, 7, 8, 9]
>>> sorted(li, reverse=True)
[9, 8, 7, 6, 5, 4, 3, 2, 1]
>>> sorted(s)
['A', 'F', 'S', 'a', 'd', 'e', 'f', 's']
>>> sorted(s, key=lambda a:a.upper())
['A', 'a', 'd', 'e', 'f', 'F', 's', 'S']
>>> sorted(s, key=lambda a:a.upper(), reverse=True)
['s', 'S', 'f', 'F', 'e', 'd', 'A', 'a']
>>> sorted(dic)
['A', 'B', 'C']
>>> sorted(dic, key=lambda key: dic[key])
['B', 'C', 'A']
>>> sorted(dic, key=lambda key: dic[key], reverse=True)
['A', 'C', 'B']
```

5．sum(iterable, start=0)

从 start 开始自左向右对 iterable 的项求和并返回总计值。start 是数值而非索引位，iterable 通常由数字组成。例如：

```
>>> sum([1,2,3,4,5,6])
21
>>> sum([1,2,3,4,5,6],1)  # 从 1 开始加起，即 1+1+2+3+4+5+6
22
>>> sum([1,2,3,4,5,6], start=8)  # 从 8 开始加起，即 8+1+2+3+4+5+6
29
```

6．type()

type 函数有两种用法。第一种是用来检测某个对象属于什么类型，返回值是一个 type 对象；另一种用来定义类，即 class 语句的动态形式，返回一个新的 type 对象。例如：

```
# 用于检测对象属于哪种数据类型 type(object)
>>> type(1)
<class 'int'>
>>> type("test")
<class 'str'>
# 用于定义类 type(name, bases, dict, **kwds)
# name 即类名，bases 为继承的类，dict 内放的是类主体的属性和方法定义
# 下面两条语句会创建相同的 type 对象
>>> class X:
...     a = 1
...
>>> X.a
1
>>> X = type("X",(),{"a":1})
>>> X
<class '__main__.X'>
>>> X.a
1
```

7．zip(*iterables)

创建一个聚合了来自每个可迭代对象中的元素的迭代器。

返回一个元组的迭代器，其中的第 i 个元组包含来自每个参数序列或可迭代对象的第 i 个元素。当所输入可迭代对象中最短的一个被耗尽时，迭代器将停止迭代。当只有一个可迭代对

象参数时，它将返回一个单元组的迭代器。不带参数时，它将返回一个空迭代器。例如：

```
>>> a = (1,2,3)
>>> b = (4,5,6)
>>> zip(a,b)
<zip object at 0x7f795c048400>
>>> list(zip(a,b))
[(1, 4), (2, 5), (3, 6)]
# 当所输入的可迭代对象中最短的一个被耗尽时，迭代器将停止迭代
# 即按最少个数的可迭代对象聚合
>>> c = (7,8,9,10)
>>> zip(a,b,c)
<zip object at 0x7f795c048500>
>>> list(zip(a,b,c))
[(1, 4, 7), (2, 5, 8), (3, 6, 9)]

# zip 与*运算符结合可以用来拆解一个列表
>>> x = [1, 2, 3]
>>> y = [4, 5, 6]
>>> zipped = zip(x, y)
>>> list(zipped)[(1, 4), (2, 5), (3, 6)]
>>> x2, y2 = zip(*zip(x, y))
>>> x == list(x2) and y == list(y2)
True
```

3.5 面向对象

3.5.1 面向过程与面向对象

（1）面向过程：根据业务逻辑从上到下写代码，即分析出解决问题所需的步骤，然后用函数将这些步骤一一实现，使用的时候依次调用函数即可。

（2）面向对象：面向对象是把构成问题事务分解成各个对象，用对象去完成整个问题中相应的功能。

（3）二者区别：面向过程的性能比面向对象的性能相对较高；而面向对象具有易维护、易复用、易扩展的特点，这是由于类具有封装、继承和多态性，通过继承可以获得其他类相应的属性和方法，更加灵活。

3.5.2　类与实例

面向对象有两个非常重要的概念：类和实例对象。

类就相对于是一张图纸，而实例对象则是根据图纸设计出来的实际模型，它们之间可能相关参数有些不同，但是最终溯源到的图纸都是相同的。

1．类的定义

类包含类名与类主体，其中类主体包括类相关属性与方法：属性，即此物品的相关参数信息；方法，即此物品具有的一些行为方法。函数只有在被调用的时候才会执行，而类只有在实例化的时候才会被执行。例如：

```python
class Person():
    def __init__(self):
        self.name = "xw"
        self.speed = 1

    def run(self):
        self.speed = 3
        return self.speed


p1 = Person()
print(p1.speed)  # 1
print(p1.run())  # 3
```

2．类的实例对象

如上，p1 即 Person 类的实例对象，通过 p1 即可访问 Person 下面的属性和方法。所谓实例对象，即用于承接实例化类的变量，与函数中调用一个函数并将其赋值给一个变量相同，只不过叫法不同。

3.5.3　类属性与实例属性

1．类属性

类属性既可以通过实例调用，也可以直接通过类名（类对象）调用。类属性只能通过类方法修改。例如：

```python
class Person():
```

```
    # 类属性
age = 12
name = "xw"


p1 = Person()
print(Person.age)  # 12   通过类名直接调用
print(p1.age)  # 12   通过实例对象调用
```

2. 实例属性

实例属性不能通过类名调用，只可以通过实例调用。通过类名调用实例属性会引发
AttributeError。例如：

```
class Person():
# 类属性
age = 12

    def __init__(self):
    # 实例属性
        self.name = "xw"
        self.speed = 1

p1 = Person()
print(Person.age)  # 12   通过类名直接调用
print(p1.age)  # 12   通过实例对象调用
print(Person.name)   # 通过类名调用实例属性会引发 AttributeError
print(p1.speed)  # 1   通过实例对象调用实例属性
```

3. 为实例对象动态添加属性

为实例对象动态添加属性：

```
class Person():
def __init__(self):
    self.name = "xw"
    self.speed = 1

    def get_age(self):  # 由于最初的实例属性里面是没有 age 属性，所以在这里用
try-expect 捕获异常避免报错结束程序
    try:
```

```
            if self.age:
                return self.age
        except:
            return "a"


    p1 = Person()
    print(p1.age)  # a
    p1. age = 12  # 动态为实例对象增加 age 属性，但仅限于 p1 这个实例对象，其他对象依
然没有 age 属性
    print(p1.age)  # 12
    p2 = Person()
    print(p2.age)  # a
```

4．私有属性

Python 中没有像其他语言中的用关键字来区分共有属性和私有属性，但是为了方便使用，在定义属性时在属性名前加两个下画线 "__" 来表明该属性为私有属性。在类内部所有属性都是可以互相访问的，但是私有属性只可以在类内部访问，在外部无论是类对象还是实例对象均访问不到。例如：

```
    class Person():
        __age = 12

        def __init__(self):
            self.name = "xw"
            self.__speed = 1

        def run(self):
            self.__speed = 3  # 在函数内部可以调用私有属性
            return self.__speed



    p1 = Person()
    print(p1.__speed)   # 在类主体外部无论是通过实例对象还是类对象访问私有属性均会引
发 AttributeError
    print(p1.run())  # 3
```

3.5.4　类方法与静态方法

1．类方法

类方法，即类对象所拥有的方法，需要用装饰器@classmethod 来标识其为类方法。对于类方法，第一个参数必须是类对象，通常以 cls 作为第一个参数，当然参数名定义为 cls 只是一种惯例，也可以定义为其他。类方法既可以通过类名（类对象）访问，也可以通过实例对象访问。例如：

```
class Person():
age = 12

@classmethod
  def get_age(cls):
    cls.age = 20  # 在类方法中修改类属性
      return cls.age

p1 = Person()
print(Person.get_age())  # 20  通过类名直接访问
print(p1.get_age())  # 20 通过实例对象访问
```

2．静态方法

静态方法需要通过装饰器@staticmethod 进行修饰，静态方法不需要多定义参数。这意味着无法跟类主体中的其他方法一样去直接操作类相关的属性及方法。跟类主体外部的函数一样，只能通过类对象或者实例对象去操作，即逻辑上属于类，但是和类本身没有关系。可以理解为，静态方法是一个独立的函数，仅托管于某个类的名称空间中，便于使用和维护。例如：

```
class Person():
age = 12

@staticmethod
  def get_age():

      return Person.age

print(Person.get_age())  # 12
```

3. 私有方法

私有方法与私有属性一样，在方法名前加两个下画线"__"即默认为私有方法，私有方法同样只能在类内部操作，在外部无法操作。

3.5.5　魔法方法

在类中定义方法时，如果方法名是__xxx__()的形式，那么就是有特殊的功能，因此被称为"魔法"方法。

1. __new__(cls[, ...])与__init__(self[, ...])

在创建实例对象实例化类时，第一步首先经过的函数即__new__()函数，在其创建完实例并返回后（如果__new__()函数没有返回值，则__init__()函数不会被执行），__init__()函数才会被执行，__init__()函数会将该对象的属性值进行初始化。

对于二者的执行顺序，如下：

```
class Person(object):

    def __new__(cls):
        print("执行进__new__()函数")
        return object.__new__(cls)

    def __init__(self):
        print("执行进__init__()函数")

p1 = Person()

# 执行结果:
执行进__new__()函数
执行进__init__()函数
```

关于__new__函数的返回值与__init__()函数的 self 参数，以及实例对象三者的比较，如下：

```
class Person(object):

    def __new__(cls):
    result = object.__new__(cls)
        print("new 函数的返回值地址为: ", id(result))
        return result
```

```
    def __init__(self):
        print("self 的地址为: ", id(self))


p1 = Person()
print("实例对象的地址为: ", id(p1))


# 执行结果
new 函数的返回值地址为: 2034998097952
self 的地址: 2034998097952
实例对象的地址为: 2034998097952
```

由上可以看出三者的内存地址其实是相同的，也就是说__init__()函数的 self 参数即 __new__()函数的返回值，也就是实例化的对象。通俗来讲，__new__()函数是制造商，而 __init__()函数不过是在产品上加以装饰。

2. __str__(self)

如果未定义 str 方法，打印（print）一个实例时得到的将是一个内存地址，str 方法的目的是返回一个用于描述类或对象的信息。例如：

```
    # 未定义 str 方法时
    class Person(object):

        def __init__(self, name, speed):
            self.name = name
            self.speed = speed


    p1 = Person("xw", 5)
    print(p1)  # <__main__.Person object at 0x000001A8B5D5B820>

    # 加入 str 方法
    class Person(object):

        def __init__(self, name, speed):
            self.name = name
            self.speed = speed

        def __str__(self):
            return "%s 现在的速度是%d"% (self.name, self.speed)
```

```
p1 = Person("xw", 5)
print(p1)  # xw 现在的速度是 5
```

3.5.6　面向对象的三大特性

1. 封装

封装，即隐藏对象的属性和行为方法，仅对外提供公共的访问方式。其实我们在定义一个类的时候，通过定义属性及相关方法的形式即为封装。

封装的目的是增强安全性，便于使用，同时也提高复用率。

2. 继承

继承是创建类的一种方式，创建的新类可以继承一个或多个父类，即分为单继承和多继承。父类又可以称为基类或超类，新建的类称为派生类或子类。例如：

```
class Person:
    pass
class Men(Person):
    pass
class Women(Person):
    pass

# __base__ 方法用于查看某个类的父类，如果继承了多个类，则按从左往右第一个
print(Men.__base__)  # <class '__main__.Person'>
print(Women.__base__)  # <class '__main__.Person'>
```

子类通过继承父类可以获得父类相关的属性及方法，如：

```
class Person:
    def __init__(self):
        self.name = "test"

    def set_name(self, name):
        self.name = name
        return self.name

class Men(Person):

    pass
```

```
class WoMen(Person):
    pass


m = Men()
print(m.name)  # test
print(m.set_name("xl"))  # xl
w = WoMen()
print(w.name)  # test
print(w.set_name("xw"))  # xw
```

当然，实例化子类并调用相关属性及方法时，会优先从子类找，找不到再从父类中找。如果子类和父类中具有相同的方法，即视为重写了该方法。若想同时继承父类此方法里的内容，则需使用 super()函数来继承。例如：

```
class Person:
    def __init__(self, name):
        self.name = name

    def set_name(self, name):
        self.name = name
        return self.name


class Men(Person):
    pass
    def __init__(self,name):
        self.sex = 0
        super(Men, self).__init__(name)

    def set_name(self, name):
        self.name = name
        super(Men, self).set_name("name")
        return self.name

a = "test"
m = Men(a)
print(m.name)  # test
print(m.set_name("xl"))  # name
```

　　由上可以看出，当继承父类方法后，代码会依然按照顺序执行。多继承时，父类用逗号"，"隔开，继承的方法和属性与单继承一样。

3. 多态

　　多态，顾名思义多种形态，每种事物会有多种形态，如某个品牌的手机会有多种型号，这就是多态。结合继承会更好理解些，首先定义一个父类，再定义多个子类继承自父类，子类与父类拥有同种方法，即子类重写父类方法。我们可以将手机品牌定义为一个父类，将不同型号的手机定义为多个子类，它们均拥有一些相同的方法，那么当每个对象调用相同的方法时，由于子类（型号）不同，则会返回不同的形态。例如：

```python
class Phone:
    def __init__(self, name):
        self.name = name

    def get_name(self):
        pass


class XM(Phone):
    def get_name(self):
        return "this is %s" % self.name


class IP(Phone):
    def get_name(self):
        return "this is %s" % self.name


class HW(Phone):
    def get_name(self):
        return "this is %s" % self.name


xm = XM("小米")
hw = HW("华为")
ip = IP("苹果")
print(xm.get_name())  # this is 小米
print(hw.get_name())  # this is 华为
```

```
print(ip.get_name())  # this is 苹果
```

3.6 常用术语介绍

1. 可迭代对象

能够逐一返回其成员项的对象。可迭代对象的例子包括所有序列类型（如 list、str 和 tuple），以及某些非序列类型；如 dict、文件对象，以及定义了__iter__()方法或是实现了序列语句的__getitem__()方法的任意自定义类对象。

可迭代对象常用于 for 循环，以及许多其他需要一个序列的地方（zip()、map()...）。当一个可迭代对象作为参数传给内置函数 iter()时，它会返回该对象的迭代器。这种迭代器适用于对值集合的一次性遍历。在使用可迭代对象时，通常不需要调用 iter()或者自己处理迭代器对象。for 语句会自动处理那些操作，创建一个临时的未命名变量用来在循环期间保存迭代器。

2. 迭代器

用来表示一连串数据流的对象。重复调用迭代器的__next__()方法[或传给内置函数 next()]将逐个返回流中的项，当没有数据可用时，则将引发 StopIteration 异常。

迭代器必须具有__iter__()方法用来返回该迭代器对象自身，因此迭代器必定也是可迭代对象，可被用于其他可迭代对象适合的大部分场合。

3. 装饰器

返回值是另一个函数的函数，通常使用@wrapper 语法形式进行函数转换。

其作用是在不改变函数结构的基础上给函数增加额外功能，常用于登录验证。例如：

```
def wrapper(func):
    def test(*args):
        if "name" in args:
            return func(*args)
        else:
            return None

    return test


# 此装饰器用于验证传入的参数是否含有"name"，如果没有，直接返回 None，有传入才会
执行下面的函数

@wrapper
```

```
def fr(*args):
    return args


print(fr(1))  # None
print(fr("name"))  # ('name',)
```

4. 生成器

返回一个 generator iterator 的函数。它看起来很像普通函数，不同点在于其包含 yield 表达式，以便产生一系列值供给 for 循环使用或通过 next()函数逐一获取。

5. 鸭子类型

指一种编码风格，它并不依靠查找对象类型来确认其是否具有正确的接口，而是直接调用或使用其方法或属性（看起来像鸭子，叫起来也像鸭子，那么肯定就是鸭子）。强调接口而非特定类型，设计良好的代码可通过允许多态替代来提升灵活性。鸭子类型避免使用 type()或 isinstance()检测，而往往会采用 hasattr()检测。

基 础 篇

第 4 章

ROS 概述

4.1 初识 ROS

近年来，机器人领域取得了举世瞩目的进展。性价比较高的机器人平台，包括地面移动机器人、旋翼无人机和类人机器人等，得到了广泛应用。更令人感到振奋的是，越来越多的高级智能算法让机器人的自主等级逐步提高。尽管如此，对于机器人软件开发人员来说，仍然存在着诸多挑战。如图 4-1 所示，智能机器人研发面临功能复杂、硬件厂家众多、算法应用场景庞杂、软硬件标准不统一等问题。本书将主要介绍一个软件平台，即机器人操作系统（Robot Operating System，ROS），它可以帮助我们提高机器人软件的开发效率。

ROS 起源于斯坦福大学人工智能实验室与机器人技术公司 Willow Garage 合作的个人机器人项目，2008 年后由 Willow Garage 维护。该项目研发的 PR2 机器人（见图 4-2）在 ROS 框架的基础上具有打台球、插插座、做早饭等惊人的功能，由此 ROS 引起了广泛的关注。2010年，Willow Garage 正式开放 ROS 源代码，很快在机器人领域掀起了新的浪潮。

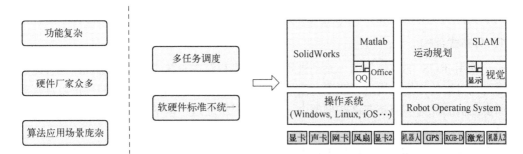

图 4-1　初识机器人开发

图 4-2　PR2 机器人

ROS 提供了操作系统应有的服务，包括硬件抽象、底层设备控制、常用函数的实现、进程间消息传递以及包管理。它也提供用于获取、编译、编写和跨计算机运行代码所需的工具与库函数。ROS 作为一个开源的软件系统，在某些方面相当于一种"机器人框架（Robot Frameworks）"，其宗旨是构建一个能够整合不同研究成果，实现算法发布、代码重用的通用机器人软件平台，其中包含一系列的工具、库和约定。同时，ROS 还可以为异质计算机集群提供类似操作系统的中间件。很多开源的运动规划、定位导航、仿真、感知等软件功能包使这一平台的功能变得更加丰富，发展更加迅速。到目前为止，ROS 在机器人的感知、物体识别、脸部识别、姿势识别、运动、运动理解、立体视觉、控制、规划等多个领域都有相关应用。如图 4-3 所示，ROS 由通信机制、开发工具、应用功能和生态系统四部分组成。

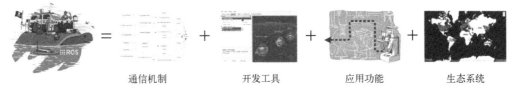

通信机制　　　　　　开发工具　　　　　　应用功能　　　　　　生态系统

图 4-3　ROS 的组成

为了支持实现算法发布、代码重用等分享协作功能，ROS 具有如下特点。

1. 分布式架构

一个使用 ROS 的系统包括一系列进程，这些进程存在于多个不同的主机，并且在运行过程中通过端对端的拓扑结构进行联系。虽然基于中心服务器的那些软件框架也可以具有实现多进程和多主机的优势，但是在这些框架中，当各计算机通过不同的网络进行连接时，中心数据服务器就会发生问题。

如图 4-4 所示，ROS 将每个工作进程都看作一个节点，使用节点管理器进行统一管理，并提供了一套消息传递机制，可以分散由计算机视觉和语音识别等功能带来的实时计算压力，适应多机器人遇到的挑战。

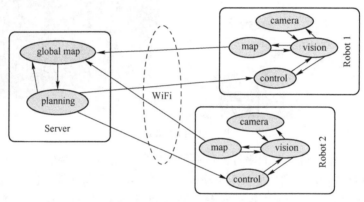

图 4-4　ROS 节点及消息传递

2. 多语言支持

由于所有节点的通信都是通过网络套字节实现的，所以，只要能够提供套字节的接口，节点程序就可以使用任何编程语言来实现。如图 4-5 所示，ROS 不依赖任何特定的编程语言，现在已经支持多种不同的语言实现，如 C++、Java、Python、Octave 和 Lisp，也包含其他语言的多种接口实现。ROS 采用了一种独立于编程语言的接口定义语言（IDL），并实现了多种编程语言对 IDL 的封装，使不同编程语言编写的"节点"程序也能够透明地进行消息传递。

3. 良好的伸缩性

使用 ROS 进行机器人研发，既可以简单地编写一两个节点单独运行，也可以通过 rosoack、roslaunch 将很多个节点组成一个更大的工程，指定它们之间的依赖关系及运行时的组织形式。

图 4-5　ROS 支持多种语言编写节点程序

4．丰富的工具包

为了管理复杂的 ROS 软件框架，通过大量的小工具去编译和运行多种多样的 ROS 组件，从而设计成了内核，而不是构建一个庞大的开发和运行环境。这些工具担任了各种各样的任务，如组织源代码的结构，获取和设置配置参数，形象化端对端的拓扑连接，测量频带使用宽度，生动地描绘信息数据，自动生成文档等，如图 4-6 所示。

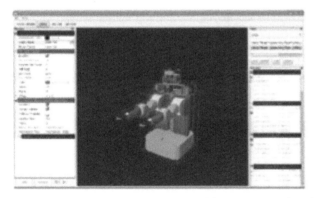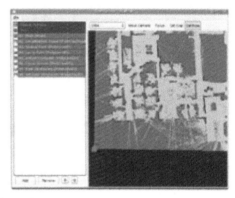

图 4-6　ROS 具有丰富的工具包

5．免费且开源

ROS 以分布式的关系遵循 BSD 许可，也就是说允许各种商业和非商业的工程进行免费开发，这也是 ROS 得到广泛认可的原因之一。

4.2　PC 安装 ROS

我们使用一台已经安装了 Ubuntu 16.04 的计算机来安装 ROS。对 Ubuntu 系统的操作，需要具有一定的 Linux 基础，如常用命令、文件操作、vim 等。

1. Ubuntu 和 ROS 版本对应

ROS 1.0 版本目前只能在基于 UNIX 的平台上运行。ROS 的软件主要在 Ubuntu 和 Mac OS X 系统上测试，同时 ROS 社区仍持续支持 Fedora、Gentoo、Arch Linux 和其他 Linux 平台。目前为止，ROS 兼容性最好的属 Ubuntu 操作系统。

Ubuntu 和 ROS 都是存在不同的版本的，而且各个版本的 ROS 之间互不兼容，所以每一版本的 ROS 都对应着一个或两个对应版本的 Ubuntu（见图 4-7）。

Ubuntu	ROS 1	Release date	End of Life
14.04 LTS	indigo Igloo	July 22nd, 2014	April, 2019
16.04 LTS	Kinetic Kame	May 23rd, 2016	April, 2021
18.04 LTS	**Melodic Morenia**	May 23rd, 2018	May, 2023
20.04 LTS	**Noetic Ninjemys (Recommended)**	May 23rd, 2020	May, 2025

图 4-7　ROS 版本与 Ubuntu 版本对应

2. 配置 Ubuntu 软件仓库

如图 4-8 所示，配置 Ubuntu 软件仓库（repositories），以允许 "restricted"、"universe" 和 "multiverse" 这 3 种安装模式。

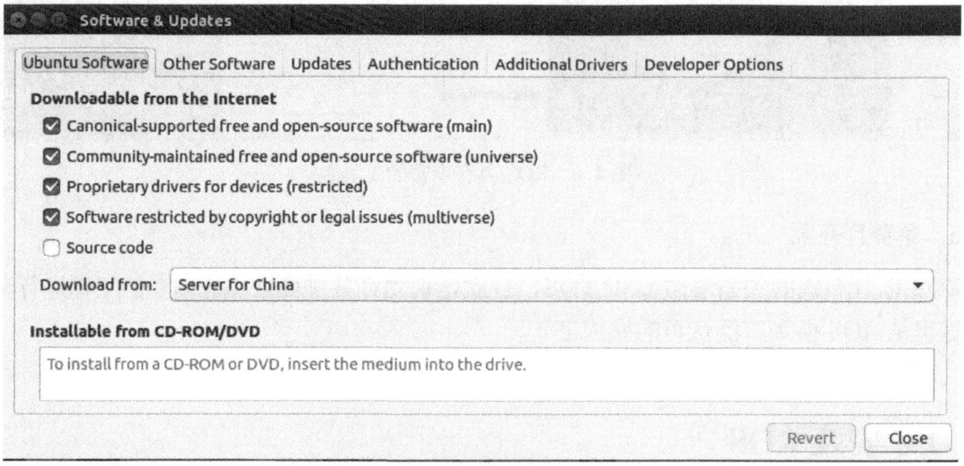

图 4-8　配置 Ubuntu 软件仓库

3．添加 sources.list

（1）配置计算机使其能够安装来自 packages.ros.org 的软件包。打开一个控制台（Ctrl+Alt+T），输入如下指令：

```
    $ sudo sh -c 'echo "deb http://packages.ros.org/ros/ubuntu $(lsb_
release-sc) main" > /etc/apt/sources.list.d/ros-latest.list'
```

（2）添加密钥：

```
    $ sudo apt-key adv --keyserver hkp://pool.sks-keyservers.net --recv-
key 421C365BD9FF1F717815A3895523BAEEB01FA116
```

4．更新软件包

打开一个控制台（Ctrl+Alt+T），输入如下指令：

```
    $ sudo apt-get update
```

ROS 中有多种函数库和工具，我们提供了 4 种默认安装方式，可以单独安装某个特定软件包。

（1）桌面完整版安装（推荐）：包含 ROS、rqt、rviz、通用机器人函数库、2D/3D 仿真器、导航，以及 2D/3D 感知功能。

```
    $ sudo apt-get install ros-kinetic-desktop-full
```

（2）桌面版安装：包含 ROS、rqt、rviz，以及通用机器人函数库。

```
    $ sudo apt-get install ros-kinetic-desktop
```

（3）基础版安装：包含 ROS 核心软件包、构建工具，以及与通信相关的程序库，无 GUI 工具。

```
    $ sudo apt-get install ros-kinetic-ros-base
```

（4）单个软件包安装：可以安装某个指定的 ROS 软件包（使用软件包名称替换掉下面的 PACKAGE）。

```
    $ sudo apt-get install ros-kinetic-PACKAGE
```

我们选择安装桌面完整版。

5．初始化 rosdep

在开始使用 ROS 之前，你还需要初始化 rosdep。rosdep 可以在你需要编译某些源码的时候为其安装一些系统依赖提供方便，同时也是某些 ROS 核心功能组件必须用到的工具。

```
$ sudo rosdep init
$ rosdep update
```

6. 环境配置

如果每次打开一个新的终端时 ROS 环境变量都能够自动配置好（添加到 bash 会话中），那将会方便很多，运行以下命令即可实现。

```
$ echo "source /opt/ros/kinetic/setup.bash" >> ~/.bashrc
$ source ~/.bashrc
```

7. 安装 rosinstall

rosinstall 是 ROS 中一个独立分开的常用命令行工具，它可以让你通过一条命令就给某个 ROS 软件包下载很多源码树。

要在 Ubuntu 上安装这个工具，运行以下命令：

```
$ sudo apt-get install python-rosinstall
```

至此，一个完整的 ROS 就安装完成了，下面我们用一个例子来测试一下 ROS 的运行。

（1）启动 ROS 环境：

```
$ roscore
```

（2）打开新窗口，启动 turtlesim：

```
$ rosrun turtlesim turtlesim_node
```

如果一切正常，就能出现如图 4-9 所示的小乌龟画面了。

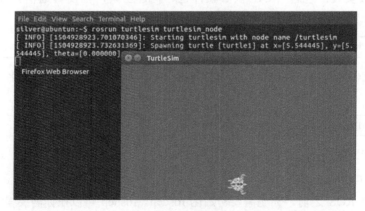

图 4-9　运行结果

4.3　Raspberry 系统下安装 ROS 的脚本

　　Raspberry Pi（中文名为"树莓派"，简写为 RPi，或者 RasPi/RPI）是为学习计算机编程教育而设计的，它是一款基于 ARM 的微型计算机主板，以 SD/MicroSD 卡为内存硬盘，卡片主板周围有 1/2/4 个 USB 接口和一个 10/100Mbit/s 以太网接口（A 型没有网口），可连接键盘、鼠标和网线，同时拥有视频模拟信号的电视输出接口和 HDMI 高清视频输出接口。以上部件全部整合在一张仅比信用卡稍大的主板上，具备所有 PC 的基本功能。只须接通电视机和键盘，就能执行如电子表格、文字处理、玩游戏、播放高清视频等诸多功能。

　　在 Raspberry 系统下安装 ROS 的脚本，需要先在 Raspberry Pi 上安装 Ubuntu MATE 16.04 版本，其余安装步骤与 4.2 节内容相同，可按照 4.2 节中的步骤安装即可。

第 **5** 章

ROS 基础

第 4 章我们完成了对 ROS 的安装，本章将学习 ROS 的系统架构、节点和功能包的创建、turtlesim 实例的使用等。

ROS 的系统架构主要被设计和划分为 3 部分，每一部分代表一个层级的概念，即文件系统级、计算图级、开源社区级。

5.1　文件系统级

在文件系统级，我们会使用一组概念来解释 ROS 的内部构成（见图 5-1）、文件结构以及工作所需要的核心文件。

（1）功能包（Package）：功能包是 ROS 中软件组织的基本形式。一个功能包具有用于创建 ROS 程序的最小结构和最少内容，它可以包含 ROS 运行的进程（节点）、配置文件等。

（2）功能包清单（Package Manifest）：功能包清单提供关于功能包、许可信息、依赖关系、编译标志等信息。每个功能包都有一个名为"package.xml"的功能包清单文件。

（3）综合功能包（Metapackage）：将几个具有某些功能的功能包组织在一起，这样就获得了一个综合功能包。

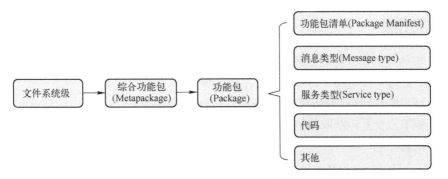

图 5-1　ROS 的内部构成

（4）消息类型（Message type）：消息是一个进程发送到其他进程的信息。ROS 中有许多标准的消息类型，消息类型说明存储在 my_package/msg/MyMessageType.msg 中，即在对应的功能包的 msg 文件夹中。

（5）服务类型（Service type）：服务类型定义了在 ROS 中由每个进程提供的服务请求和相应的数据结构，服务类型说明保存在对应功能包的 srv 文件夹中。

如图 5-2 所示为 turtlesim 功能包。

图 5-2　turtlesim 功能包

5.2　计算图级

计算图级体现的是进程和系统之间的通信。本节我们将学习 ROS 的各个概念和功能，包括建立系统、处理各类进程、与多台计算机通信等。

ROS 会创建一个连接到所有进程的网络。系统中的任何节点都可以访问此网络，并通过该网络与其他节点交互，获取其他节点发布的信息，同时将自身数据发布到网络上。如图 5-3 所示为计算图级。

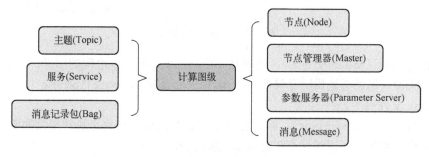

图 5-3　计算图级

（1）节点（Node）：一个节点即一个可执行文件，它可以通过 ROS 与其他节点进行通信。

（2）节点管理器（Master）：节点管理器用于节点的名称注册、查找、设置节点间通信等。

（3）参数服务器（Parameter Server）：参数服务器能够使数据通过一个关键词存储在一个系统的核心位置。

（4）消息（Message）：消息是节点之间沟通的一种方式，用于订阅或发布到一个主题。

（5）主题（Topic）：每个消息都必须有一个名称来被 ROS 网络路由。每一条消息都要发布到相应的主题。当一个节点发送数据时，我们就说该节点正在向主题发布消息。节点可以通过订阅某个主题，接收来自其他节点的消息。一个节点可以订阅一个主题，而不需要该节点同时发布该主题，这就保证了消息的发布者和订阅者间解耦。主题的名称是独一无二的，否则在同名主题之间的消息路由就会发生错误。简单说，节点可以发布消息到主题，也可以订阅主题以接收消息。

（6）服务（Service）：如果需要直接与某个节点进行交互（request/response），此时不能通过主题来实现，而是需要通过服务来实现。服务必须有唯一的名称，当一个节点提供某个服务时，所有的节点都可以通过使用 ROS 客户端编写的代码与其通信。

（7）消息记录包（Bag）：消息记录包是一种用于保存和回放 ROS 消息数据的文件格式。消息记录包是一种用于存储数据的主要机制，它能够获取并记录各种难以收集的传感器数据。可以通过消息记录包反复获取实验数据，进行必要的开发和算法测试。

5.3　开源社区级

开源社区级将解释一系列的工具和概念，其中包括在开发人员之间如何共享知识、算法、代码。这一层级非常重要，正是由于开源社区的大力支持，ROS 才得以快速发展。

这一层级主要包括发行版（Distribution）、软件库（Repository）、ROS 维基（ROS Wiki）、邮件列表（Mailing list）、ROS 问答（ROS Answer）、博客（Blog）-www.ros.org/news。

5.4　文件系统工具

程序代码分布在众多 ROS 软件包当中，当使用命令行工具（如 ls 和 cd）来浏览时非常烦琐，因此 ROS 提供了专门的命令工具来简化这些操作。

5.4.1　使用 rospack

当 ROS 安装包越来越多时，rospack 命令就会非常有用，尤其是当安装包有上百个之多时，根本无法准确记清各个软件包的路径或是否存在某软件包等。

rospack 允许你获取软件包的有关信息。例如，rospack 的 find 参数选项可直接返回软件包的路径信息，用法如下：

```
$ rospack find [包名称]
```

示例：

```
$ rospack find roscpp
/opt/ros/kinetic/share/roscpp
```

从上面的示例可以看到 rospack 给我们的使用提供了很大的便捷。如果要查询 rospack 下的所有参数，可运行 help 命令，如图 5-4 所示为 rospack 命令的相关参数。

我们常使用的有 find、list、list-names 三个命令，大家可以分别尝试运行体验。

```
USAGE: rospack <command> [options] [package]
  Allowed commands:
    help
    cflags-only-I      [--deps-only] [package]
    cflags-only-other  [--deps-only] [package]
    depends            [package] (alias: deps)
    depends-indent     [package] (alias: deps-indent)
    depends-manifests  [package] (alias: deps-manifests)
    depends-msgsrv     [package] (alias: deps-msgsrv)
    depends-on         [package]
    depends-on1        [package]
    depends-why --target=<target> [package] (alias: deps-why)
    depends1           [package] (alias: deps1)
    export [--deps-only] --lang=<lang> --attrib=<attrib> [package]
    find [package]          查询软件包的路径信息
    langs
    libs-only-L        [--deps-only] [package]
    libs-only-l        [--deps-only] [package]
    libs-only-other    [--deps-only] [package]
    list                 列出当前系统中安装的软件包名及其路径信息
    list-duplicates
    list-names           只列出当前系统中安装的软件包名称
    plugins --attrib=<attrib> [--top=<toppkg>] [package]
    profile [--length=<length>] [--zombie-only]
    rosdep  [package] (alias: rosdeps)
    rosdep0 [package] (alias: rosdeps0)
    vcs     [package]
    vcs0    [package]
  Extra options:
    -q        Quiets error reports.

If [package] is omitted, the current working directory
is used (if it contains a package.xml or manifest.xml).
```

图 5-4   rospack 命令的相关参数

5.4.2   使用 roscd

roscd 是 rosbash 命令集中的一部分，它允许你直接切换（cd）工作目录到某个软件包或者软件包集当中，相当于 ros+cd，用法如下：

```
$ roscd [本地包名称[/子目录]]
```

示例：

```
$ roscd roscpp
/opt/ros/kinetic/share/roscpp$
```

注意：roscd 只能切换到那些路径已经包含在 ROS_PACKAGE_PATH 环境变量中的软件包，要查看 ROS_PACKAGE_PATH 中包含的路径可以使用如下命令：

```
$ echo $ROS_PACKAGE_PATH
/home/silver/catkin_ws/src:/opt/ros/kinetic/share
```

ROS_PACKAGE_PATH 环境变量应该包含那些保存有 ROS 软件包的路径，并且每个路径之间用冒号分隔开来。

5.4.3   使用 rosls

rosls 是 rosbash 命令集中的一部分，它允许你直接按软件包的名称而不是绝对路径执行 ls
命令（罗列目录），用法如下：

```
$ rosls [本地包名称[/子目录]]
```

示例：

```
$ rosls roscpp_tutorials
cmake  launch  package.xml  srv
```

5.4.4   使用 rosed

rosed 是 rosbash 命令集中的一部分，它允许你直接编辑某个软件包中的可编辑文件，相
当于 ros+vim，用法如下：

```
$ rosed [本地包名称[/子目录]]
```

示例：

```
$ rosed speed.cpp
```

5.4.5   使用 roscp

roscp 是 rosbash 命令集中的一部分，它允许你直接复制某个文件到指定目录下，相当于
ros+cp，用法如下：

```
$ roscp [本地包名称]
```

示例：

```
$ roscp speed.cpp /src
```

5.5   创建工作空间

工作空间就是一个包含功能包、可编辑源文件或编译包的文件夹。当你想同时编译不同
的功能包时，工作空间非常有用，并且其可以用来保存本地开发包。

5.5.1 创建工作空间简介

（1）将要创建的工作空间文件夹是存放在~/catkin_ws/src/中的。若是新创建的，则使用如下命令：

```
$ mkdir -p ~/catkin_ws/src/
$ cd ~/catkin_ws/src/
$ catkin_init_workspace  #初始化工作空间
```

（2）创建完工作空间文件夹后，里面并没有功能包，只有 CMakeLists.txt，使用如下命令编译工作空间：

```
$ cd ~/catkin_ws
$ catkin_make
```

编译完成后，查看 catkin_ws 文件，在该文件中可以看到上面的编译命令创建了 build 和 devel 文件夹。

（3）使用如下命令完成配置：

```
~/catkin_ws$ source devel/setup.bash
```

（4）添加程序包到全局路径并使之生效（如果已经添加过，则忽略此步骤）：

```
$ echo "~/source catkin_ws/devel/setup.bash" >> ~/.bashrc
$ source ~/.bashrc
```

到此，工作环境已经搭建完成，接下来就可以创建软件包了。

5.5.2 工作空间目录解析

使用 Linux 下的树状目录结构打开我们创建的 catkin_ws 工作空间，可以看到该工作空间下包含 build、devel 和 src 三个文件夹，每个文件夹都是一个具有不同功能的空间，如图 5-5 所示。

（1）源文件空间（Source space）：源文件空间（src 文件夹）中放置了功能包、项目、克隆包等，这个空间中最重要的是 CMakeLists.txt 文件。当你在工作空间中配置功能包时，src 文件夹中的 CMakeLists.txt 调用 make。这个文件是通过 catkin_init_workspace 命令创建的。

（2）编译空间（Build space）：在编译空间（build 文件夹）中，CMakeCache.txt、cmake_install.cmake 和 catkin 为功能包和项目保存缓存信息、配置和其他中间文件。

（3）开发空间（Development space）：开发空间（devel 文件夹）用来保存编译后的程序，

这些是无须安装就能用来测试的程序。一旦通过测试，就可以安装或者导出功能包与其他开发人员分享。

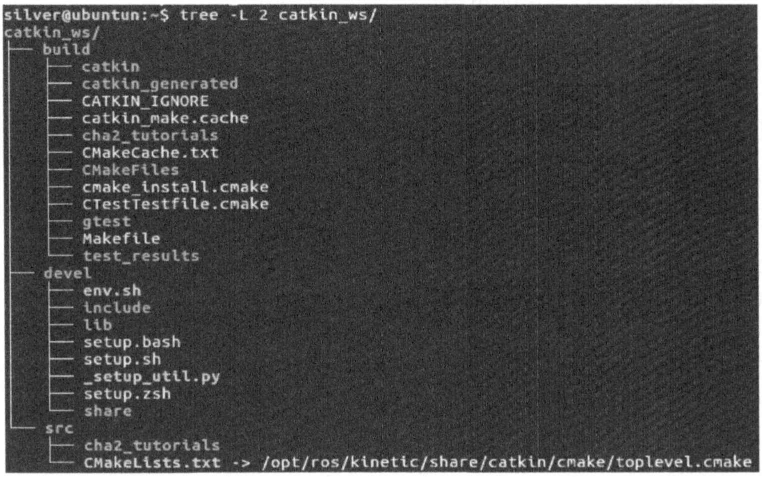

```
silver@ubuntun:~$ tree -L 2 catkin_ws/
catkin_ws/
├── build
│   ├── catkin
│   ├── catkin_generated
│   ├── CATKIN_IGNORE
│   ├── catkin_make.cache
│   ├── cha2_tutorials
│   ├── CMakeCache.txt
│   ├── CMakeFiles
│   ├── cmake_install.cmake
│   ├── CTestTestfile.cmake
│   ├── gtest
│   ├── Makefile
│   └── test_results
├── devel
│   ├── env.sh
│   ├── include
│   ├── lib
│   ├── setup.bash
│   ├── setup.sh
│   ├── _setup_util.py
│   ├── setup.zsh
│   └── share
└── src
    ├── cha2_tutorials
    └── CMakeLists.txt -> /opt/ros/kinetic/share/catkin/cmake/toplevel.cmake
```

图 5-5　catkin_ws 树状目录结构

catkin 编译包有两个选项，其中一个是使用标准的 CMake 工作流程，通过此方法编译一个包的方法如下：

```
$ cmake packageToBuild/
$ make
```

如果要编译所有的包，可以使用 catkin_make 命令行：

```
$ cd workspace（工作空间目录）
$ catkin_make
```

5.6　功能包的创建与编译

开发 catkin 功能包的一个推荐方法是使用 catkin 工作空间，但是你也可以单独开发（standalone）catkin 功能包。本节将介绍如何使用 catkin_create_pkg 命令来创建一个新的 catkin 功能包，以及创建之后都能做些什么。

5.6.1　catkin 功能包的组成

一个功能包要想称为 catkin 功能包，必须符合以下要求：

（1）该功能包必须包含 package.xml 文件，且 package.xml 文件提供了有关功能包的元信息。

（2）功能包必须包含一个 catkin 版本的 CMakeLists.txt 文件。

（3）每个目录下只能有一个功能包。

5.6.2　创建功能包

现在使用 catkin_create_pkg 命令来创建一个名为"test_pkg"的新功能包，该功能包依赖于 std_msgs、roscpp 和 rospy：

```
$ cd ~/catkin_ws/src/
$ catkin_create_pkg test_pkg std_msgs rospy roscpp
Created file test_pkg/package.xml

Created file test_pkg/CMakeLists.txt
Created folder test_pkg/include/test_tutorials
Created folder test_pkg/src
Successfully created files in /home/silver/catkin_ws/src/test_pkg.
Please adjust the values in package.xml.
$ ls
cha2_tutorials  CMakeLists.txt  test_pkg
```

其中：

std_msgs：包含了常见的消息类型，表示基本数据类型和其他基本的消息构造类型。

roscpp：使用 C++实现 ROS 的各种功能。

rospy：使用 Python 实现 ROS 的各种功能。

package.xml：清单文件，关于功能包相关信息的描述，用于定义功能包相关元信息之间的依赖关系，这些信息包括版本、维护者和许可协议、编译依赖和运行依赖等。

CMakeLists.txt：编译配置文件，使用 cmake 命令对程序进行编译的时候，会根据 CMakeLists.txt 这个文件进行处理，形成一个 Makefile 文件，系统再通过这个文件的设置进行程序的编译。

由此可见，catkin_create_pkg 命令的使用格式如下：

```
catkin_create_pkg <package_name> [depend1] [depend2] [depend3]
```

5.6.3　功能包依赖关系

1. 一级依赖

在使用 catkin_create_pkg 命令时，提供了几个功能包作为依赖包，现在我们可以使用

rospack 命令来查看一级依赖包:

```
~/catkin_ws/src$ rospack depends1 test_pkg
roscpp
rospy
std_msgs
```

rospack 命令列出了在运行 catkin_create_pkg 命令时作为参数的依赖包,这些依赖包随后保存在 package.xml 文件中。

2. 间接依赖

一个功能包还可以有好几个间接的依赖包,使用 rospack 命令可以递归检测出所有的依赖包:

```
~/catkin_ws/src$ rospack depends test_pkg
cpp_common
rostime
roscpp_traits
roscpp_serialization
catkin
genmsg
genpy
...
```

5.6.4　功能包命名规范

ROS 功能包的命名遵循一定的命名规范,只允许使用小写字母、数字和下画线,而且首字母必须是一个小写字母。一些 ROS 工具,包括 catkin,不支持那些不遵循此命名规范的包。例如:

```
~/catkin_ws/src$ catkin_create_pkg Test_Pack
WARNING: Catkin package name "Test_Pack" does not follow the naming
conventions. It should start with a lower case letter and only contain lower
case letters, digits, underscores, and dashes.
Created file Test_Pack/CMakeLists.txt
Created file Test_Pack/package.xml
Successfully created files in /home/silver/catkin_ws/src/Test_Pack.
Please adjust the values in package.xml
```

从以上可以看到,虽然成功地创建了 Test_Pack 功能包,但是在创建的过程中发生了警告信息（WARNING），这样做既不符合规范，也增加了不必要的兼容性错误。

5.6.5　删除功能包

ROS 是运行在 Linux 之上的操作系统，所以它适用 Linux 的基本命令。想要删除工作空间里的功能包，采用 Linux 的删除命令 "rm -rf [软件包目录地址]" 即可，然后重新编译整个工作空间。例如：

```
~/catkin_ws/src$ ls
CMakeLists.txt  Test_Pack  test_pkg  test_tutorials
~/catkin_ws/src$ rm -rf Test_Pack/
~/catkin_ws/src$ ls
CMakeLists.txt  test_pkg  test_tutorials
```

5.6.6　编译功能包

一旦安装了所需的系统依赖项，我们就可以开始编译刚才创建的功能包了。如果是通过 apt 或者其他功能包管理工具来安装 ROS 的，那么系统已经默认安装好所有依赖项。

catkin_make 是一个命令行工具，它简化了 catkin 的标准工作流程。使用 catkin_make 来编译功能包的操作如下：

```
$ cd ~/catkin_ws/
$ catkin_make
```

为了介绍如何正确地编译功能包，我们在测试功能包 test_pkg 下的 src 目录下编写一个测试代码来介绍如何编译功能包。

（1）编辑测试代码：

```
#include "ros/ros.h"
#include "std_msgs/String.h"
#include <sstream>
int main(int argc,char **argv)
{
  ros::init(argc,argv,"talker");
  ros::NodeHandle n;
  ros::Publisher chatter_pub = n.advertise<std_msgs::String>("chatter",
1000);
  ros::Rate loop_rate(10);
  int count = 0;
```

```
   while (ros::ok())
 {
std_msgs::String msg;
    std::stringstream ss;
    ss << "hello" <<count;
    msg.data = ss.str();
    ROS_INFO("%s",msg.data.c_str());
    chatter_pub.publish(msg);
    ros::spinOnce();
    loop_rate.sleep();
++count;
  }
return 0;
  }
```

（2）修改 CMakeLists.txt 配置文件。找到如下两段代码，去掉前面的#号：

```
#add_executable(${PROJECT_NAME}_node src/test.cpp)
······
#target_link_libraries(${PROJECT_NAME}_node
#  ${catkin_LIBRARIES}
#  )
```

按照节点名称修改程序文件名称：

```
add_executable(test_pkg_node src/test.cpp)
······（省略）
target_link_libraries(test_pkg_node${catkin_LIBRARIES} )
```

① add_executable() 指定要编译的可执行文件。例如：

```
add_executable(myNode src/main.cpp src/file1.cpp src/file2.cpp)
```

上面的语句将调用 src/main.cpp、src/file1.cpp 和 src/file2.cpp 生成名为 "myNode" 的目标可执行文件，生成的可执行文件就是我们说的节点。

"${PROJECT_NAME}" 也可以不修改，因为该文件第二行已经指定 project(test_pkg)。

② target_link_libraries()指定所生成的可执行文件所链接的库文件，通常写在 add_executable()之后。一般来说，要生成一个 ROS 节点，必须添加 catkin_LIBRARIES。例如：

```
target_link_libraries(myNode ${catkin_LIBRARIES})
```

（3）在工作空间根目录下使用 catkin_make 命令对工作空间进行编译：

```
$ catkin_make
......(省略)
-- ~~~~~~~~~~~~~~~~~~~~~~~~~~~~~~~~~~~~~~~~~~~~~~~~~~
-- ~~  traversing 2 packages in topological order:
-- ~~  - test_pkg
-- ~~  - test_tutorials
-- ~~~~~~~~~~~~~~~~~~~~~~~~~~~~~~~~~~~~~~~~~~~~~~~~~~
-- +++ processing catkin package: 'test_pkg'
-- ==> add_subdirectory(test_pkg)

-- +++ processing catkin package: 'test_tutorials'
-- ==> add_subdirectory(test_tutorials)
-- Configuring done
-- Generating done
-- Build files have been written to: /home/silver/catkin_ws/build
####
#### Running command: "make -j2 -l2" in "/home/silver/catkin_ws/
build"
####
[100%] Built target test_pkg_node
```

（4）启动 roscore，打开一个新命令窗口，运行 rosrun 命令，运行结果如图 5-6 所示。

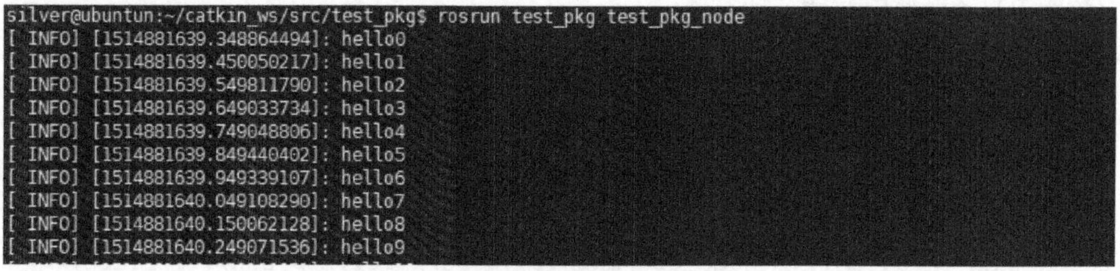

图 5-6　运行结果

其中，roscore 是运行所有 ROS 程序前首先要运行的命令。

5.7　ROS 节点

ROS 节点其实是 ROS 功能包中的一个可执行文件。ROS 节点可以使用 ROS 客户库与其他节点通信。节点可以发布或接收一个主题，也可以提供或使用某种服务。

　　ROS 有一种名为"nodelet"的特殊节点，这类特殊节点可以在单个进程中运行多个节点，其中每个 nodelet 为一个轻量级的线程。这样可以在不使用 ROS 网络的情况下与其他节点通信，节点的通信效率更高，避免网络拥塞，对于摄像头和 3D 传感器这类数据传输量非常大的设备十分有用。

5.7.1　启动 ROS

　　roscore 是运行所有 ROS 程序前首先要运行的命令：

```
$ roscore
```

运行成功后会看到：

```
PARAMETERS
 * /rosdistro: kinetic

 * /rosversion: 1.12.12
NODES
auto-starting new master
process[master]: started with pid [11952]
ROS_MASTER_URI=http://ubuntun:11311/
setting /run_id to a714278c-ef94-11e7-9dbc-000c29301e3d
process[rosout-1]: started with pid [11965]
started core service [/rosout]
```

5.7.2　使用 rosnode

　　ROS 提供了处理节点的工具，如 rosnode，运行该命令，可以获得一个命令清单，该清单列出了 rosnode 的命令功能：

```
~/catkin_ws/src$ rosnode
rosnode is a command-line tool for printing information about ROS Nodes.
Commands:
    rosnode ping    test connectivity to node
    rosnode list    list active nodes
    rosnode info    print information about node
    rosnode machine list nodes running on a particular machine or list
machines
    rosnode kill    kill a running node
    rosnode cleanup purge registration information of unreachable nodes
```

```
Type rosnode <command> -h for more detailed usage, e.g.'rosnode ping -h'
```

rosnode list 可以列出当前活跃节点的名称。例如：

```
$ rosnode list
/rosout
/talker
```

其中，/rosout 总是随着 roscore 的启动而出现；/talker 是我们在 6.6 节中编写的测试节点。可以通过 rosnode info 进一步查看该节点的详细信息。例如：

```
$ rosnode info /talker
-------------------------------------------------------------------
Node [/talker]
Publications:
 * /chatter [std_msgs/String]

 * /rosout [rosgraph_msgs/Log]
Subscriptions: None
Services:
 * /talker/get_loggers
 * /talker/set_logger_level
```

5.8　ROS 主题与节点交互

主题是节点用来传输数据的总线。通过主题进行消息路由，不需要节点之间直接连接，这就意味着发布者和订阅者之间不需要知道彼此的存在。同一个主题可以有多个订阅者，也可以有多个发布者。主题默认采用 TCP/IP 长连接的方式传输。

主题之间的通信是通过在节点之间发送 ROS 消息实现的。对于发布器（turtle_teleop_key）和订阅器（turtlesim_node）之间的通信，发布器和订阅器之间必须发送和接收相同类型的消息。这意味着主题的类型是由发布在它上面的消息类型决定的。使用 rostopic type 命令可以查看发布在某个主题上的消息类型。

5.8.1　控制 turtle 移动

（1）启动 ROS。roscore 是你在运行所有 ROS 程序前首先要运行的命令：

```
$ roscore
```

（2）打开新的命令窗口，启动 turtlesim_node 节点：

```
$ rosrun turtlesim turtlesim_node
```

（3）打开新的命令窗口，启动 turtle_teleop_key 节点：

```
$ rosrun turtlesim turtle_teleop_key
```

当命令窗口中出现 "Use arrow keys to move the turtle" 时，我们就可通过键盘中的方向键来控制小乌龟的移动了，如图 5-7 所示。

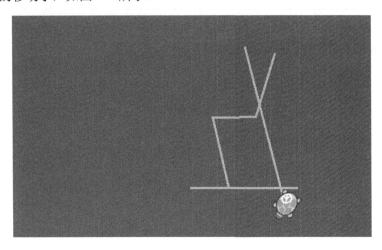

图 5-7　小乌龟移动示例

5.8.2　查看节点信息

我们可以预想到，turtlesim_node 节点和 turtle_teleop_key 节点之间是通过一个 ROS 主题来互相通信的。turtle_teleop_key 在一个主题上发布按键输入消息，而 turtlesim 则订阅该主题以接收该消息。我们来查看节点列表：

```
$ rosnode list
/rosout
/teleop_turtle
/turtlesim
```

下一步我们分别查看 teleop_turtle 和 turtlesim 节点的信息：

```
$ rosnode info /teleop_turtle
```

```
Node [/teleop_turtle]
Publications:
 * /rosout [rosgraph_msgs/Log]
 * /turtle1/cmd_vel [geometry_msgs/Twist]
$ rosnode info /turtlesim
Node [/turtlesim]
......（省略）
Subscriptions:
 * /turtle1/cmd_vel [geometry_msgs/Twist]
```

这意味着 teleop_turtle 节点发布了"/turtle1/cmd_vel [geometry_msgs/Twist]"这样的一个主题，而 turtlesim 节点则订阅了这样的一个主题。

5.8.3　查看主题信息

使用 rostopic list 命令可以查看当前的主题清单：

```
silver@ubuntun:~$ rostopic list
/rosout
/rosout_agg
/turtle1/cmd_vel
/turtle1/color_sensor
/turtle1/pose
```

使用 echo 参数可以查看使用键盘方向键之后节点发出的信息：

```
$ rostopic echo /turtle1/cmd_vel
linear:
  x: -2.0
  y: 0.0
  z: 0.0
angular:
  x: 0.0
  y: 0.0
  z: 0.0
---
```

注意：调用 rostopic echo 命令后，通过键盘控制移动小乌龟方可看到具体消息（键盘消息只有在"$ rosrun turtlesim turtle_teleop_key"这个窗口下才能生效），按"Ctrl+Z"组合键停止移动。

使用 rostopic type 命令可以查看消息的类型：

```
$ rostopic type /turtle1/cmd_vel
geometry_msgs/Twist
```

如果想要看到消息字段，可以使用以下命令：

```
$ rosmsg show geometry_msgs/Twist
geometry_msgs/Vector3 linear
  float64 x
  float64 y
  float64 z
geometry_msgs/Vector3 angular
  float64 x
  float64 y
  float64 z
```

在了解主题与节点的交互原理之后，我们可以使用"rostopic pub [topic] [msg_type]"命令直接发布主题：

```
$ rostopic pub -1 /turtle1/cmd_vel geometry_msgs/Twist -- '[2.0, 0.0,
0.0]' '[0.0, 0.0, 1.8]'
```

以上命令会发送一条消息给 turtle1，告诉它以 2.0 的线速度和 1.8 的角速度开始移动。

优化后的小乌龟移动示例如图 5-8 所示。

图 5-8　优化后的小乌龟移动示例

rostopic pub 这条命令将会发布消息到某个给定的主题。

（1）-1：这个参数选项使 rostopic 发布一条消息后马上退出。

（2）/turtle1/cmd_vel：这是消息所发布到的主题名称。

（3）geometry_msgs/Twist：这是所发布消息的类型。

（4）--：这会告诉命令选项解析器接下来的参数部分都不是命令选项。这在参数里面包含－（负号）时是必须添加的。

（5）'[2.0, 0.0, 0.0]' '[0.0, 0.0, 1.8]'：正如之前提到的，在一个 turtlesim/Velocity 消息里面包含两个浮点型元素，即 linear 和 angular。在本例中，2.0 是 linear 的值，1.8 是 angular 的值。这些参数其实是按照 YAML 语法格式编写的，这在 YAML 文档中有更多的描述。

此时，turtle1 已经停止移动了。这是因为 turtle1 需要一个稳定的、频率为 1Hz 的命令流来保持移动状态：

```
$ rostopic pub /turtle1/cmd_vel geometry_msgs/Twist -r 1 -- '[2.0,
0.0, 0.0]' '[0.0, 0.0, 1.8]'
```

以上这条命令以 1Hz 的频率发布速度命令到速度主题上。发布完成后再来看 turtle1 的移动轨迹，如图 5-9 所示。

图 5-9　小乌龟以 1Hz 的频率移动的示例

5.8.4　使用 rqt_graph

rqt_graph 是 rqt 功能包中的一部分，它可以创建一个显示当前系统运行情况的动态图形。如果你没有安装 rqt 功能包，请通过以下命令来安装：

```
$ sudo apt-get install ros-indigo（版本）-rqt
$ sudo apt-get install ros-indigo（版本）-rqt-common-plugins
```

打开一个新命令终端，运行以下代码：

```
$ rosrun rqt_graph rqt_graph
```

如果你将鼠标放在/turtle1/cmd_vel 上方，相应的 ROS 节点（蓝色和绿色）和主题（红

色）就会高亮显示。正如你所看到的，turtlesim 和 teleop_turtle 节点正通过一个名为
"/turtle1/cmd_vel" 的主题来互相通信，如图 5-10 所示。

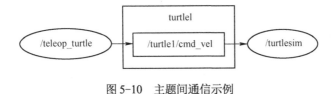

图 5-10　主题间通信示例

5.9　ROS 服务和参数

当需要直接与节点通信并获得应答时，将无法通过主题实现，而是需要使用服务。可以
说，服务是节点之间通信的另一种方式。服务允许节点发送请求（request）并获得一个响应
（response）。

1. rosservice

rosservice 可以很轻松地使用 ROS 客户端/服务器框架提供的服务。rosservice 提供了很
多可以在主题上使用的命令，如下所示：

```
$ rosservice
Commands:
    rosservice args print service arguments
    rosservice call call the service with the provided args
    rosservice find find services by service type
    rosservice info print information about service
    rosservice list list active services
    rosservice type print service type
    rosservice uri  print service ROSRPC uri
```

（1）rosservice list：

```
silver@ubuntun:~$ rosservice list
/clear
/kill
/reset
/rosout/get_loggers
/rosout/set_logger_level
```

```
        /spawn
        ......（省略）
```

list 命令显示 turtlesim 节点提供了多个服务：重置（reset）、清除（clear）、再生（spawn）、终止（kill）等，同时还有另外两个 rosout 节点提供的服务，即/rosout/get_loggers 和 /rosout/set_logger_level。

（2）rosservice type：我们可以使用 rosservice type 查看服务的类型。例如：

```
        silver@ubuntun:~$ rosservice type clear
        std_srvs/Empty
```

服务的类型为空（Empty），这表明在调用这个服务时不需要参数（如请求不需要发送数据，响应也没有数据）。下面我们使用 rosservice call 命令调用 clear 服务。

使用方法如下：

```
        rosservice call [service] [args]
```

我们来调用 clear 服务。因为服务类型是空，所以进行无参数调用：

```
        silver@ubuntun:~$ rosservice call clear
```

再次打开 turtlesim，就可以看到 clear 服务清除了 turtlesim_node 的轨迹，如图 5-11 所示。

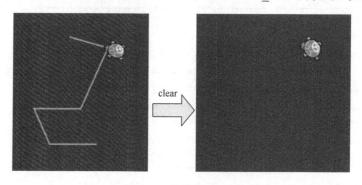

图 5-11　轨迹清除示例

2. rosparam

rosparam 使我们能够存储并操作 ROS 参数服务器（Parameter Server）上的共享数据。参数服务器能够存储整型、浮点、布尔、字符串、字典和列表等数据类型的数据。rosparam 使用 YAML 标记语言的语法。一般而言，YAML 的表述很自然：1 是整型，1.0 是浮点型，one 是字符串，true 是布尔，[1, 2, 3]是整型列表，{a: b, c: d}是字典。rosparam 有很多命令可以用来
操作参数，如下所示：

```
$ rosparam
rosparam is a command-line tool for getting, setting, and deleting
parameters from the ROS Parameter Server.
Commands:
    rosparam set    set parameter
    rosparam get    get parameter
    rosparam load   load parameters from file
    rosparam dump   dump parameters to file
    rosparam delete delete parameter
    rosparam list   list parameter names
```

（1）rosparam list：我们来看看现在参数服务器上都有哪些参数。

```
$ rosparam list
/background_b
/background_g
/background_r
/rosdistro
/roslaunch/uris/host_ubuntun__40153
/rosversion
/run_id
```

上面的背景三基色是用来设置 turtlesim 节点的参数的，这些参数可以改变窗体的颜色。

（2）rosparam set 和 rosparam get：可以通过 rosparam get、 rosparam set 获取和设置参
数。例如：

```
$ rosparam get /background_b
255
$ rosparam set /background_b 100
$ rosparam get /background_b
100
```

上述命令修改了参数的值，现在我们调用清除服务使修改后的参数生效：

```
$ rosservice call clear
```

从图 5-12 可以看到，小乌龟的背景已经变成灰色了。

图 5-12　背景图更新示例

（3）rosparam dump 和 load。

① 使用 rosparam get / 显示参数服务器上的所有内容：

```
$ rosparam get /
background_b: 100
background_g: 86
background_r: 69
rosdistro: 'kinetic
```

如果我们希望存储这些信息以备日后重新读取，通过 rosparam 就很容易实现，使用方法如下：

```
$ rosparam dump [file_name]
$ rosparam load [file_name] [namespace]
```

② 使用 rosparam dump 将所有的参数写入 params.yaml 文件：

```
$ rosparam dump params.yaml
```

也可以将 yaml 文件重新载入新的命名空间，如 new_telesim 空间。

③ 使用 rosparam load 向参数服务器加载新的数据文件：

```
$ rosparam load params.yaml namespace
```

5.10　创建 ROS 消息和 ROS 服务

前面的章节对 ROS 相关知识做了详细介绍，本节我们将介绍如何创建并编译 ROS 消息和服务，以及 rosmsg、rossrv 和 roscp 命令行工具的使用。

5.10.1　消息（msg）和服务（srv）介绍

（1）消息（msg）：msg 文件是一个描述 ROS 中所使用消息类型的简单文本。它们会被用来生成不同语言的源代码。

（2）服务（srv）：一个 srv 文件描述一项服务，它包含两部分，即请求和响应。

msg 文件存放在 package 的 msg 目录下，srv 文件则存放在 srv 目录下。msg 文件实际上就是每行声明一个数据类型和变量名。可以使用的数据类型如下：

```
int8, int16, int32, int64 (plus uint*)
float32, float64

string
time, duration
other msg files
variable-length array[] and fixed-length array[C]
```

ROS 中有一个特殊的数据类型，即 Header，它含有时间戳和坐标系信息。在 msg 文件的第一行经常可以看到"Header header"的声明。下面是一个 msg 文件的样例，它使用了 Header、string 和其他另外两个消息类型：

```
Header header
string child_frame_id
geometry_msgs/PoseWithCovariance pose
geometry_msgs/TwistWithCovariance twist
```

srv 文件中的内容分为请求和响应两部分，由"---"分隔。下面是 srv 的一个样例：

```
int64 A
int64 B
---
int64 Sum
```

其中，A 和 B 是请求，而 Sum 是响应。

5.10.2　使用 msg

（1）我们将在之前创建的 package 里定义新的消息（info.msg）：

```
$ cd ~/catkin_ws/src/test_pkg/
```

```
$ mkdir msg
$ cd msg/
$ touch info.msg
```

打开 info.msg 文件，在该文件中输入以下内容：

```
string first_name
string last_name
uint8 age
uint32 score
```

（2）编辑 package.xml。要确保 msg 文件被转换为 C++、Python 和其他语言的源代码，就必须确保 package.xml 包含以下两条语句：

```
<build_depend>message_generation</build_depend>
<exec_depend>message_runtime</exec_depend>
```

在 package.xml 中找到以上两行，取消其前面的 "#"，如果没有则添加进去。在构建的时候，我们需要 "message_generation"。然而，在运行的时候，我们需要 "message_runtime"。

（3）编辑 CMakeLists.txt 文件。在 CMakeLists.txt 文件中，利用 find_package 函数增加对 message_generation 的依赖，这样就可以生成消息了：

```
find_package(catkin REQUIRED COMPONENTS
  roscpp
  rospy
  std_msgs
  message_generation
)
```

（4）找到 add_message_files 行，取消其前面的 "#"，添加消息名称 info.msg：

```
# Generate messages in the 'msg' folder
add_message_files(
  FILES
  info.msg
)
```

（5）找到 generate_messages 行，取消其前面的 "#"：

```
    # Generate added messages and services with any dependencies listed
here
```

```
generate_messages(
  DEPENDENCIES
  std_msgs
  )
```

（6）使用以下命令编译：

```
$ cd ~
$ cd catkin_ws/
$ catkin_make
```

编译成功后，通过 rosmsg show 命令检查 ROS 是否能够识别消息。若结果如下所示，即表示消息创建成功：

```
silver@ubuntun:~/catkin_ws$ rosmsg show test_pkg/info
string first_name
string last_name
uint8 age
uint32 score
```

5.10.3　使用 srv

（1）在 test_pkg 中创建一个服务：

```
$ roscd test_pkg
$ mkdir srv
$ cd srv
$ touch data.srv
```

（2）打开 data.srv 文件，在该文件中输入以下内容：

```
int32 A
int32 B
int32 C
---
int32 sum
```

（3）使用 rosed 命令从 test_pkg 功能包中打开 CMakeLists.txt 文件：

```
$ rosed test_pkg CMakeLists.txt
```

找到 catkin_package，添加如下依赖：

```
catkin_package(
#   INCLUDE_DIRS include
#   LIBRARIES test_pkg
#   CATKIN_DEPENDS roscpp rospy std_msgs
#   DEPENDS system_lib
    CATKIN_DEPENDS message_runtime
)
```

（4）找到 add_service_files，取消其前面的"#"，添加服务名称：

```
add_service_files(
    FILES
    data.srv
 )
```

（5）添加完成后保存，回到命令窗口，使用以下命令编译 package：

```
$ cd catkin_ws/
$ catkin_make
```

（6）编译成功后，调用 rossrv show 命令查看编译是否成功。

注意：增加了新的消息、服务，都要重新编译我们的 package。

5.11　编写发布器与订阅器

　　主题之间的通信是通过在节点间发送消息实现的。对于发布器和订阅器之间的通信，发布器和订阅器之间必须发送和接收相同类型的消息。这意味着主题的类型是由发布在它上面的消息类型决定的。使用 rostopic type 命令可以查看发布在某个主题上的消息类型。

　　本节中，我们将创建两个节点并通过主题来实现通信。

5.11.1　定义 msg 消息

　　（1）在 test_pkg 包里定义新的消息（num.msg）：

```
$ cd ~/catkin_ws/src/test_pkg/msg
$ touch num.msg
```

　　打开 num.msg 文件，在该文件中输入以下内容：

```
int64 num
```

（2）编辑 package.xml。要确保 msg 文件被转换为 C++、Python 和其他语言的源代码，就必须确保 package.xml 包含以下两条语句：

```
<build_depend>message_generation</build_depend>
<exec_depend>message_runtime</exec_depend>
```

在构建的时候，我们需要"message_generation"。然而，在运行的时候，我们需要"message_runtime"。

（3）编辑 CMakeLists.txt 文件。在 CMakeLists.txt 文件中，利用 find_package 函数增加对 message_generation 的依赖，这样就可以生成消息了：

```
find_package(catkin REQUIRED COMPONENTS
  roscpp
  rospy
  std_msgs
  message_generation
)
```

（4）找到 add_message_files 行，取消其前面的"#"，添加消息名称 num.msg：

```
# Generate messages in the 'msg' folder
 add_message_files(
   FILES
   num.msg
 )
```

（5）找到 generate_messages 行，取消其前面的"#"：

```
# Generate added messages and services with any dependencies listed here

generate_messages(
  DEPENDENCIES
  std_msgs
)
```

（6）使用以下命令编译：

```
$ cd ~
$ cd catkin_ws/
$ catkin_make
```

编译成功后，通过 rosmsg show 命令检查 ROS 是否能够识别消息。结果如图 5-13 所示，即表示消息创建成功。

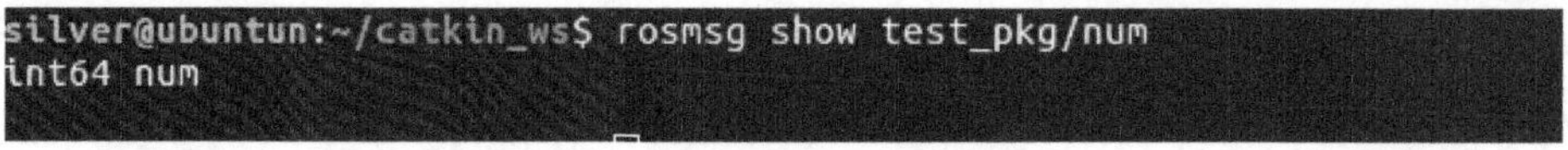

```
silver@ubuntun:~/catkin_ws$ rosmsg show test_pkg/num
int64 num
```

图 5-13　rosmsg show 命令返回结果

5.11.2　编写发布器

（1）进入 test_pkg 包，创建 scripts 目录，用来存放 Python 文件：

```
/catkin_ws/src/test_pkg$ mkdir scripts
/catkin_ws/src/test_pkg$ cd scripts/
```

（2）新建 talker.py 文件，设置为可执行权限：

```
$ touch talker.py
$ chmod +x talker.py
$ ll
total 8
-rwxrwxr-x 1 silver silver   0 1月  8 20:14 talker.py*
```

（3）在 talker.py 文件中输入以下代码：

```
#!/usr/bin/env python

import rospy
from std_msgs.msg import String

def talker():
    pub = rospy.publisher('chatter',String,queue_size=10)
    rospy.init_node('talker',anonymous=Ture)
    rate = rospy.Rate(10)
while not rospy.is_shutdown():


hello_str = "hello world %s" %rospy.get_time()
    rospy.longinfo(hello_str)
    pub.publish(hello_str)
```

```
        rate.sleep()
    if __name__ = '__main__':
        talker()
```

（4）编译工作空间，并启动 roscore：

```
$ cd ~/catkin_ws
$ catkin_make
$ roscore
```

（5）打开新的终端，启动 talker.py：

```
$ rosrun test_pkg talker.py
```

运行结果如图 5-14 所示。

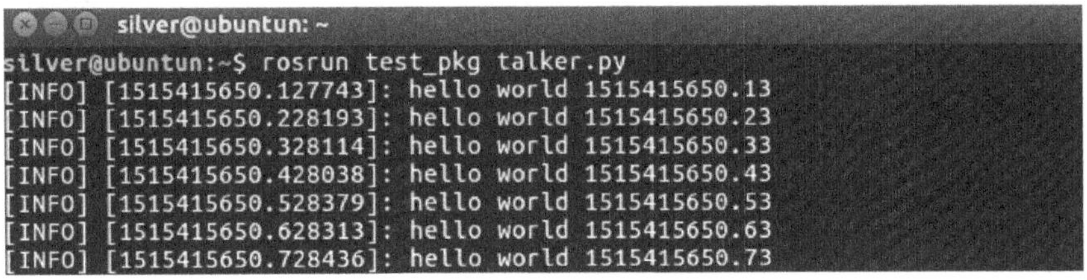

图 5-14   talker.py 启动示例

（6）代码解析如下。

① 代码：#!/usr/bin/env python。

分析：指定通过 Python 解释代码。

② 代码：import rospy。

分析：导入 rospy 包，rospy 是 ROS 的 Python 客户端。

③ 代码：from std_msgs.msg import String。

分析：导入 Python 的标准字符处理库。

④ 代码：def talker()。

分析：定义 talker 函数。

⑤ 代码：pub = rospy.publisher('chatter', String, queue_size=10)。

分析：定义发布的主题名称为 chatter；消息类型为 String，实质是 std_msgs.msg.String；设置队列条目个数为 10。

⑥ 代码：rospy.init_node('talker', anonymous=True)。

分析：初始化节点，节点名称为 talker，anonymous=True，要求每个节点都有唯一的名称，避免冲突。这样可以运行多个 talker.py。

⑦ 代码：rate = rospy.Rate(10)。

分析：设置发布的频率，单位是每秒次数，这里是每秒 10 次的频率发布主题。

⑧ 代码：rospy.is_shutdown()。

分析：用于检测程序是否退出，是否按"Ctrl+C"组合键或其他。

⑨ 代码：rospy.longinfo(hello_str)。

分析：在屏幕输出日志信息，写入 rosout 节点，也可以通过 rqt_console 来查看。

⑩ 代码：pub.publish(hello_str)。

分析：发布信息到主题。

⑪ 代码：rate.sleep()。

分析：睡眠一定时间。如果参数为负数，睡眠会立即返回。

5.11.3 编写订阅器

（1）在 scripts 目录下新建 listener.py 文件，设置为可执行权限：

```
$ touch listener.py
$ chmod +x listener.py
$ ll
total 8
-rwxrwxr-x 1 silver silver   0 1月  8 20:14 listener.py*
```

（2）在 listener.py 文件中输入以下代码：

```
#!/usr/bin/env python
from std_msgs.msg import String

def callback(data):
    rospy.loginfo(rospy.get_caller_id() + 'I heard %s', data.data)

def listener():
    rospy.init_node('listener', anonymous=True)
    rospy.Subscriber('chatter', String, callback)
    rospy.spin()

if __name__ == '__main__':
    listener()
```

（3）编译工作空间，并启动 roscore：

```
$ cd ~/catkin_ws
$ catkin_make
$ roscore
```

（4）打开新的终端，启动 talker.py：

```
$ rosrun test_pkg talker.py
```

（5）打开新的终端，启动 listener.py：

```
$ rosrun test_pkg listener.py
```

运行结果如图 5-15 所示。

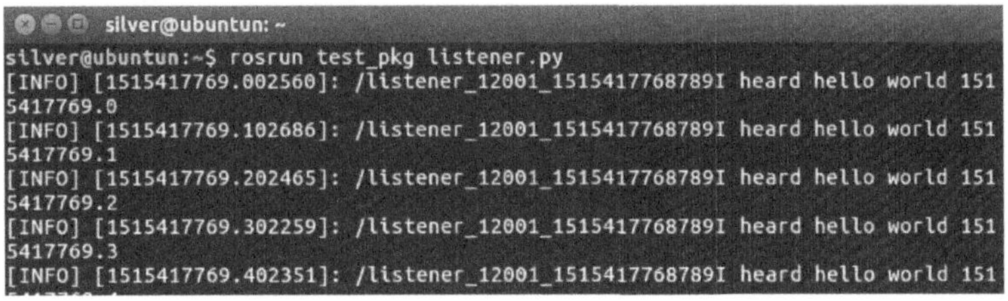

图 5-15　listener.py 运行示例

（6）代码分析。

① 代码：rospy.init_node('listener', anonymous=True)。

分析：初始化节点，节点名称为 talker，anonymous=True，要求每个节点都有唯一的名称，避免冲突。这样可以运行多个 listener.py。

② 代码：rospy.Subscriber("chatter", String, callback)。

分析：订阅函数，订阅 chatter 主题，内容类型是 std_msgs.msg.String。当有新内容时，调用 callback 函数处理。将接收到的主题内容作为参数传递给 callback。

③ 代码：rospy.spin()。

分析：保持节点运行，直到节点关闭。不像 roscpp，rospy.spin 不影响订阅的回调函数，因为回调函数有自己的线程。

5.11.4　启动 rqt 查看节点信息

启动 rqt 查看节点信息：

```
$ rqt_graph
```

在图 5-16 中可以看到，节点 talker 与节点 listener 通过主题/chatter 进行交互，这是节点之间重要的一种交互方式。

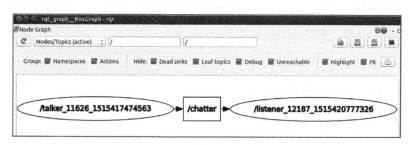

图 5-16　节点交互示意图

5.12　编写服务端和客户端

本节我们将学习如何创建节点，一个是服务端，一个是客户端。

5.12.1　定义 srv 服务

（1）在 test_pkg 包里定义新的消息（AddTwoInts.srv）：

```
$ cd ~/catkin_ws/src/test_pkg/msg
$ touch AddTwoInts.srv
```

打开 AddTwoInts.srv 文件，该文件中的内容分为请求和响应两部分，由"---"分隔。输入以下代码：

```
int64 A
int64 B
---
int64 Sum
```

（2）编辑 package.xml。要确保 msg 文件被转换为 C++、Python 和其他语言的源代码，就必须确保 package.xml 包含以下两条语句：

```
<build_depend>message_generation</build_depend>
```

```
<exec_depend>message_runtime</exec_depend>
```

在构建的时候，我们需要"message_generation"。然而，在运行的时候，我们需要"message_runtime"。

（3）编辑 CMakeLists.txt 文件。在 CMakeLists.txt 文件中，利用 find_package 函数增加对 message_generation 的依赖，这样就可以生成消息了：

```
find_package(catkin REQUIRED COMPONENTS
  roscpp
  rospy

  std_msgs
  message_generation
)
```

（4）在 CMakeLists.txt 文件中增加服务文件，取消"#"，并修改为如下内容：

```
add_service_files(
  FILES
  AddTwoInts.srv
)
```

（5）找到 generate_messages 行，取消其前面的"#"：

```
# Generate added messages and services with any dependencies listed
here
generate_messages(
  DEPENDENCIES
  std_msgs
)
```

（6）使用以下命令编译：

```
$ cd ~
$ cd catkin_ws/
$ catkin_make
```

编译成功后，通过 rossrv show 命令检查 ROS 是否能够识别服务。若结果如图 5-17 所示，即表示消息创建成功。

图 5-17   rossrv show 命令执行结果

5.12.2   编写服务端

（1）在 scripts 目录下新建 add_two_ints_server.py 文件：

```
$ touch add_two_ints_server.py
$ chmod +x add_two_ints_server.py
$ rosed beginner_tutorials add_two_ints_server.py
```

（2）在 add_two_ints_server.py 文件中输入以下代码：

```
#!/usr/bin/env python

NAME = 'add_two_ints_server'
# import the AddTwoInts service
from beginner_tutorials.srv import *
import rospy

def add_two_ints(req):
    print("Returning [%s + %s = %s]" % (req.a, req.b, (req.a + req.
b)))
    sum = req.a + req.b
    return AddTwoIntsResponse(sum)

def add_two_ints_server():
    rospy.init_node(NAME)
    s = rospy.Service('add_two_ints', AddTwoInts, add_two_ints)
    print "Ready to add Two Ints"
    # spin() keeps Python from exiting until node is shutdown
    rospy.spin()

if __name__ == "__main__":
    add_two_ints_server()
```

（3）编译工作空间，并启动 roscore：

```
$ cd ~/catkin_ws
$ catkin_make
$ roscore
```

（4）打开新的终端，启动 add_two_ints_server.py：

```
$ rosrun test_pkg add_two_ints_server.py
Ready to add Two Ints
```

（5）查看服务列表，检验服务是否启动：

```
$ rosservice list
/add_two_ints

/add_two_ints_server/get_loggers
/add_two_ints_server/set_logger_level

/rosout/get_loggers
/rosout/set_logger_level
```

从以上可以看到，/add_two_ints 服务已经启动，接下来我们来检验该服务需要输入的参数：

```
$ rosservice args /add_two_ints
A B
```

从以上可以看到，我们在调用服务的时候需要输入两个参数，即 A 和 B。

（6）打开新的终端，调用 add_two_ints 服务：

```
$ rosservice call /add_two_ints 1 2
Sum: 3
```

（7）代码分析。

① 代码：from beginner_tutorials.srv　import　*。

分析：导入定义的服务。

② 代码：s = rospy.Service('add_two_ints', AddTwoInts, add_two_ints)。

分析：定义服务节点的名称、服务的类型、处理函数。

③ 代码：return AddTwoIntsResponse(sum)。

分析：由服务生成的返回函数。

5.12.3 编写客户端

（1）在 scripts 目录下新建 add_two_ints_client.py 文件：

```
$ touch add_two_ints_client.py
$ chmod +x add_two_ints_client.py
```

（2）在 add_two_ints_client.py 文件中输入以下代码：

```python
#!/usr/bin/env python

import sys
import os
import rospy

# imports the AddTwoInts service
from rospy_tutorials.srv import *

#  add two numbers using the add_two_ints service
def add_two_ints_client(x, y):
    #  NOTE: you don't have to call rospy.init_node() to make calls against
    #  a service. This is because service clients do not have to be nodes.
    #  block until the add_two_ints service is available
# you can optionally specify a timeout

    rospy.wait_for_service('add_two_ints')
    try:
        # create a handle to the add_two_ints service
        add_two_ints = rospy.ServiceProxy('add_two_ints', AddTwoInts)
        print "Requesting %s+%s"%(x, y)
        # simplified style
        resp1 = add_two_ints(x, y)
        # formal style
        resp2 = add_two_ints.call(AddTwoIntsRequest(x, y))
        if not resp1.Sum == (x + y):
            raise Exception("test failure, returned sum was %s"%resp1.sum)
```

```
                    if not resp2.Sum == (x + y):
                        raise Exception("test failure, returned sum was %s"%resp2.
sum)
                    return resp1.Sum
            except rospy.ServiceException, e:
                print "Service call failed: %s"%e
        def usage():
            return "%s [x y]"%sys.argv[0]

        if __name__ == "__main__":
            argv = rospy.myargv()
            if len(argv) == 1:
                import random
                x = random.randint(-50000, 50000)
                y = random.randint(-50000, 50000)
            elif len(argv) == 3:
                try:
                    x = int(argv[1])
                    y = int(argv[2])
                except:
                    print usage()
                    sys.exit(1)
            else:
                print usage()
                sys.exit(1)
            print "%s + %s = %s"%(x, y, add_two_ints_client(x, y))
```

（3）编译工作空间：

```
$ cd ~/catkin_ws/
$ catkin_make
```

（4）运行 add_two_ints_client.py 代码：

```
$ rosrun test_pkg add_two_ints_client.py 2 3
Requesting 2+3
2 + 3 = 5
```

从以上可以看到，客户端已经完成和服务端的通信，实现了对两个数的求和。

（5）代码分析。

① 代码：rospy.wait_for_service('add_two_ints')。

分析：等待接入服务节点，也就是运行 client 之前启动 service。

② 代码：add_two_ints = rospy.ServiceProxy('add_two_ints', AddTwoInts)。

分析：创建服务的处理函数。

5.13　编写 launch 文件

在运行 ROS 程序时我们往往需要在不同终端启动多个不同的节点，ROS 提供了一个同时启动节点管理器（master）和多个节点的途径，即使用启动文件（launch file）。在 ROS 功能包中，启动文件的使用是非常普遍的。任何包含两个或两个以上节点的系统都可以利用启动文件来指定和配置需要使用的节点，其基本思想是在一个 .xml 格式的文件内将需要同时启动的节点罗列出来。

5.13.1　roslaunch 使用方法

roslaunch 的使用方法如下：

```
$ roslaunch pkg-name launch-file-name
```

下面以一个典型的 launch 文件举例说明，如图 5-18 所示。

```
<launch>

  <!-- these are the arguments you can pass this launch file, for example paused:=true -->
  <arg name="debug" default="true"/>

  <!-- We resume the logic in empty_world.launch, changing only the name of the world to be launched -->
  <include file="$(find gazebo_ros)/launch/empty_world.launch">
    <arg name="debug" value="$(arg debug)" />
  </include>

  <!-- Load the URDF into the ROS Parameter Server -->
  <arg name="model" />
  <param name="robot_description"
    command="$(find xacro)/xacro.py $(arg model)" />

  <!-- Run a python script to the send a service call to gazebo_ros to spawn a URDF robot -->
  <node name="urdf_spawner" pkg="gazebo_ros" type="spawn_model" respawn="false" output="screen"
    args="-urdf -model robot1 -param robot_description -z 0.05"/>

</launch>
```

图 5-18　launch 文件示例

1. launch

每个 launch 文件都必须且只能包含一个根元素。根元素由一对<launch>标签定义，其他所有元素标签都应该包含在这两个标签之内：

```
<launch>
...
</launch>
```

2. arg

roslaunch 支持启动参数 arg，可以通过设置 arg 来改变程序的运行。name 为启动参数的名称，default 为该参数的默认值，value 为该参数的参数值。在 launch 文件中，要声明一个参数的存在，我们使用 arg 元素：

```
<arg name="arg-name" />
```

声明里面只有一个 name 是起不上什么作用的，这就像是你在程序中定义了一个 int 类型的变量，但是你并没有使用它一样（你还需要给 arg 元素分配 default 属性或 value 属性）。

在 launch 文件中，必须给使用的每个 arg 分配一个 value（赋值）。有以下两种实现方法。

（1）在命令行中给 roslaunch 提供一个 value：

```
roslaunch package-name launch-file-name arg-name:= arg-value
```

（2）在 launch 文件中，提供一个 value（赋值）作为 arg 声明的一部分，使用下面的两种语法之一就可以：

```
< arg name="arg-name" default="arg-value" />
< arg name="arg-name" value="arg-value" />
```

这两种语法唯一不同的是：命令行可以覆盖 default 的值，但是不能覆盖 value 的值。

"$( )"符号出现的任何地方，roslaunch 命令都将会把它替换成给定 arg 的值（value）。使用以下命令可以获取 arg 的值：

```
$(arg arg-name)
```

在 arg 的传递上有一个限制，就是 arg 不能传递给 include 元素里包含的子 launch 文件使用。这个问题非常重要，因为 arg 就像是一个局部变量，它不能被包含的 launch 文件所"继承"。

解决这个问题的方法：在 include 元素中插入 arg 元素作为 include 元素的子类（children），如：

```
< include file="path-to-launch-file">
<arg name="arg-name" value="arg-value"/>
…
< /include>
```

注意：这里的 arg 元素不同于我们已经知道的 arg 声明，在 include 标签内的 args 是给包含（included）的 launch 文件提供的 args，不是为本 launch 文件提供的。一种常见的情况是，被包含（include）的 launch 文件和本 launch 文件会有共同的参数。

在这种情况下，我们希望这些值（values）永远不变。像这样的元素，在这两个地方使用相同的 arg name（参数名）：

```
< arg name="arg-name" value="$(arg arg-name)" />
```

在这种情况下，第一个 arg-name 和往常一样。第二个 arg-name 是 launch 文件中提供的。结果是这两个 launch 文件中给定的 arg 具有相同的值（value）。

3. node

任何一个 launch 文件的重点都是节点（node）元素的集合。节点的形式如下：

```
<node name="node-name" pkg="pkg-name" type="executable-name" />
```

node 的 3 个属性分别为节点名字、功能包名字和可执行文件的名字。name 属性给节点指派了名称，它将覆盖任何通过调用 ros::init 来赋予节点的名称。另外，node 标签内也可以用过的 arg 设置节点的参数值。如果 node 标签内有 children 标签，就需要用显式标签来定义，即末尾为/node>。

（1）设置 output ="screen"：将标准输出信息显示在终端（console）上。

（2）设置 respawn="true"：启动完所有请求启动的节点之后，roslaunch 监测每一个节点，让它们保持正常的运行状态。对于每一个节点，当它终止时，我们可以要求 roslaunch 重新启动它。

（3）设置 required="true"：当一个必需的节点终止时，roslaunch 会做出响应，终止其他所有的节点并退出。

4. remap

在 launch 文件中重新命名，使用 remap 元素：

```
<remap from="original-name" to="new-name" />
```

如果 remap 是 launch 的一个 child（子类），与 node 同一层级，并在 launch 元素内的顶层，那么这个 remap 将会作用于后续所有的节点。

5. include

在 launch 文件中复用其他 launch 文件可以减少编写代码的工作量，提高文件的简洁性。在 launch 文件中使用包含元素 include 可包含其他 launch 文件中所有的节点和参数：

```
<include file="$(find pkg-name)/launch/launch-file-name">
    <arg name="arg_name" value="set-value"/>
  </include>
```

6. param

在 ROS 中，param 和 arg 是不同的。param 是运行中的 ROS 使用的数值，存储在参数服务器中，每个活跃的节点都可以通过 ros::param::get 函数获取 param 的值，用户也可以通过 rosparam 获得 param 的值；而 arg 只在启动文件内有意义，它们的值是不能被节点直接获取的。

在 launch 文件中设置 param，使用 param 元素：

```
<param name="param-name" value="param-value" />
```

在 launch 文件中也支持等同于 rosparam load 功能的 rosparam 元素，用于一次性加载大量的参数，其中 file 是 yaml 类型：

```
<rosparam command="load" file="path-to-param-file" />
```

5.13.2　编写 launch 文件介绍

我们以发布器与订阅器章节中的 talker 和 listener 节点为例来说明如何编写 launch 文件。

（1）在 test_pkg 目录下新建 bringup 目录：

```
$ roscd test_pkg
$ mkdir bringup
```

（2）进入 bringup，新建 talker-and-listener.launch：

```
$ cd bringup

$ touch talker-and-listener.launch
```

（3）在 talker-and-listener.launch 文件中输入以下代码：

```
<launch>
    <node name="talker" pkg="text_pkg" type="talker.py" />
  <node name="listener" pkg="text_pkg" type="listener.py" />
</launch>
```

（4）运行 talker-and-listener.launch 文件：

```
$ roslaunch beginner_tutorials talker-and-listener.launch
```

talker-and-listener.launch 文件的运行结果如图 5-19 所示。

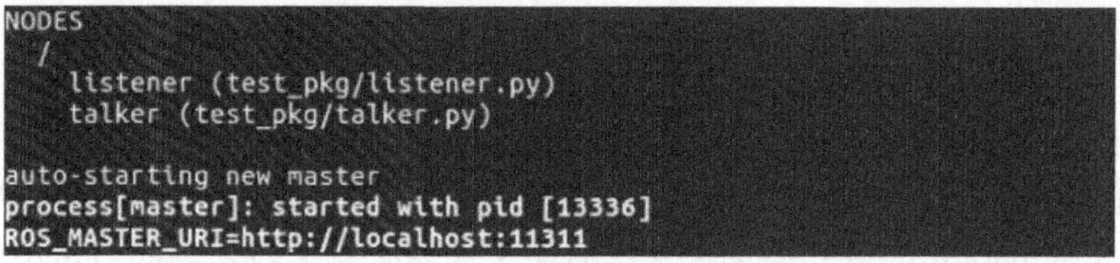

图 5-19　talker-and-listener.launch 文件的运行结果

实 战 篇

6

第 章

ARTROBOT 机器人移动平台搭建

6.1 三轴全向移动机器人介绍

6.1.1 全向轮结构

常见的移动机器人主要有两轮平衡小车、两轮差速驱动车（前后各加一个万向轮支撑）、四轮小车等。我们采用三轴全向轮作为驱动轮来实现 ROS 机器人载体功能，全向轮结构如图 6-1 所示。

6.1.2 底盘结构设计

三轴全向轮的结构设计需要 3 个轮子，每两个轮子之间相差 120°，车轮的安装方式决定了我们的运动学模型。机器人控制的基础是运动学分析，利用运动学分析，可以得出机器人运动过程中各类参数的变化规律和相互之间的关系。对各类参数进行控制，才能使机器人在我们的控制下进行移动。一般的安装结构如图 6-2 所示，轮子到底盘中心的位置都相等，间隔 120°，底盘可以是三角形的，也可以是圆形的。

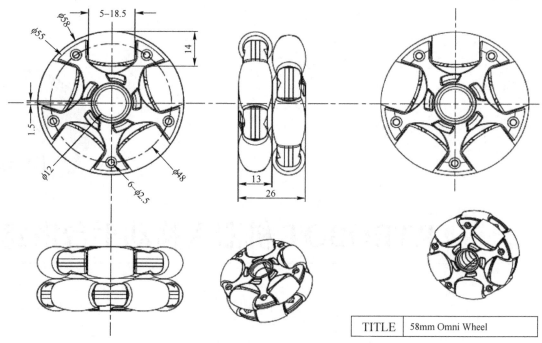

图 6-1　全向轮结构

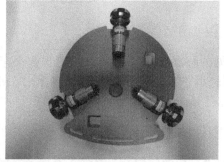

图 6-2　安装结构

6.1.3　直流电机的选择

（1）电机的扭矩和减速比需要根据底盘的负载进行选择。减速比越大，扭矩则越大，但是对应的电机的转速也会降低。

（2）对应电机的转速需要根据轮子的大小和机器人的移动速度来选择。一般情况下，在室内移动的机器人的移动速度不能超过 1m/s，不然感觉会控制不住，跑太快了。一般设定移动速度在 0.3m/s 左右比较合适。

（3）对车轮的测速需要选择带编码器的电机。编码器分为光电编码器和霍尔传感器两种。码盘的精度需要根据主控板的处理精度来选择，若使用 Arduino Mega2560 来控制，500 线的码盘，Arduino 是可以处理，只不过很吃力。最好还是通过 STM32 作为主控板，但这样程序的编写就较为复杂了，需要自己编写通信协议来完成与 ROS 之间的数据通信；主控板一般需要通过 PID 调整 PWM 输出来控制驱动板，使驱动板控制各路电机的转速。

（4）电机驱动板的选择。目前都是双路或者四路驱动板，基本上看不到有三路直流电机的驱动板。选择的驱动板最好带有光耦隔离，这样可以防止电机堵转或者不稳定电流将主控板芯片烧毁。

6.1.4　电机驱动板

控制电机驱动板性价比最好的方式是使用 Arduino Mega2560，其是采用 USB 接口的核心电路板，具有 54 路数字输入/输出，特别适合需要大量 I/O 接口的设计。Mega2560 的处理器核心是 ATmega2560，同时具有 54 路数字输入/输出口（其中 15 路可作为 PWM 输出），16 路模拟输入接口，4 路硬件串口，6 路外部中断，即 2（中断 0）、3（中断 1）、18（中断 5）、19（中断 4）、20（中断 3）、21（中断 2）。触发中断引脚，可设成上升沿、下降沿或同时触发，使用这些中断可以测量编码器的脉冲个数，对车轮的速度进行测试。

如图 6-3 所示为电机驱动板示意图。

图 6-3　电机驱动板示意图

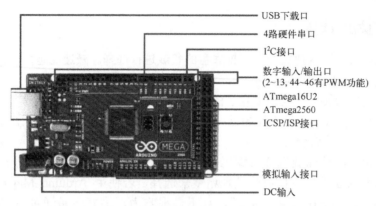

图 6-3 电机驱动板示意图（续）

6.1.5 ROS 的主控板

三轮全向移动底盘上，运行 ROS 的主控板是装有 Linux 系统的微型计算机，将 Arduino 的板子接在主控板上，使 Arduino 作为 ROS 的一个节点，这样就组成了一个基于 ROS 控制的移动底盘。常见的微控制器有 miniPC 和树莓派 3B。

6.2 运动学建模和分析

三轮全向移动底盘的工作环境主要是在室内，因为存在较多的动态和静态障碍物，所以移动底盘必须具备很好的移动避障特性才能正常工作。实现移动底盘具备很好的移动避障特性，机器人需要有安全、可靠的运动控制系统才行，而设计控制系统的基础就是运动学建模和分析。利用运动学建模和分析可以得出机器人运动过程中各类参数的变化规律和相互之间的关系，控制系统通过对这些参数的控制可间接实现对移动底盘运动的精确控制。

为了准确建立三轮全向移动底盘的运动学模型，需要对运动环境做如下假设：

（1）移动底盘、全向轮均为刚体，运动局限在平面上，只有线速度 x、线速度 y 和角速度 θ；

（2）全向轮与地面有足够的摩擦力，没有打滑现象；

（3）移动底盘的重心在电机轴线的中心上，各个全向轮的中心分布在同一圆上；

（4）全向轮的安装绝对精确，安装上造成的误差可以忽略不计；

（5）全向轮的大小构造一致，其差别可忽略不计。

6.2.1 机器人坐标系系统分析

ROS 中规定了机器人自身的坐标系系统，其中 X 轴在机器人的前方，Y 轴在机器人的左方，Z 轴在机器人的上方。可以使用右手坐标系表示，即右手表示机器人本体，食指朝前是 X 轴的正方向（$X+$），中指朝左是 Y 轴的正方向（$Y+$），拇指朝上是 Z 轴的正方向（$Z+$），如图 6-4（a）所示；对于机器人的旋转坐标系，大拇指指向 Z 轴，逆时针方向为正，顺时针为负，如图 6-4（b）所示。

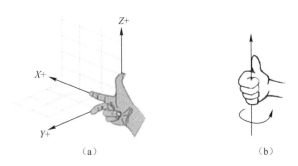

图 6-4　机器人坐标系系统分析

ROS 中规定了移动底盘的 X 轴、Y 轴、Z 轴方向，应用到移动底盘上共有如图 6-5 所示的 4 种设计方式。其中，XOY 为世界坐标系，xoy 为机器人坐标系。4 种方案都可以实现移动底盘的正常移动，只不过运动学模型方程不同。

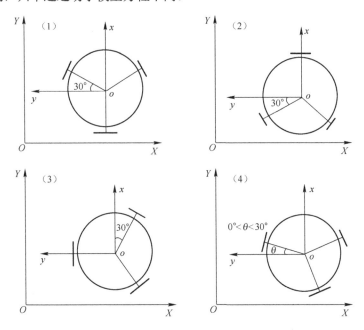

图 6-5　移动底盘的 4 种设计方式

（1）若移动底盘的大部分运动以前进、后退为主，方案（1）、方案（2）优于方案（3）、方案（4），因为方案（1）、方案（2）中移动底盘前后移动时只需要两个电机，而方案（3）、方案（4）则需要 3 个电机配合联动才能前进、后退。

（2）若移动底盘的大部分运动以左右横向运动为主，那么方案（3）优于其他 3 个方案，因为移动底盘横向移动时，方案（3）只需要两个电机，其他 3 个方案需要 3 个电机配合联动才能横向移动。

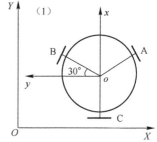

（3）方案（4）的运动方式比较特别，只有当移动底盘在特定的角度进行移动时才优于其他方案，所以需要根据项目实际的情况选择适合自己的结构设计，这样才能高效地控制移动底盘的移动。

（4）一般的机器人，大多以前后移动为主，所以最优方案是方案（1）和方案（2），但是考虑到后期的移动底盘校准，如走直线或走曲线运动时的转向问题，建议大家选择方案（1），这样对运动方向的控制会更容易。当然，最终还是根据自己的实际情况进行考虑。

图 6-6　方案（1）坐标系示意图

以方案（1）（见图 6-6）的移动底盘坐标系系统进行运动学建模，规定右前轮为 A 轮、左前轮为 B 轮、后轮为 C 轮来进行运动学模型分析。

6.2.2　运动学模型分析

运动学模型分为正运动学模型和逆运动学模型，接下来以移动底盘为主体分析一下这两个模型。

（1）正运动学模型（见图 6-7）：根据运动规划的线速度 x、y，角速度 θ，得出三轴全向轮各个轮子的线速度，这是移动底盘需要得到的数据。由于 ROS 给移动底盘发送的是 geometry_msgs/Twist 格式的消息，并不是直接发送 3 个轮子每个轮子的速度，所以我们需要根据正向运动学模型方程来求解出 3 个轮子的速度。

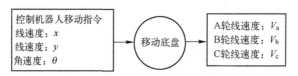

图 6-7　正运动学模型求解示意图

（2）逆运动学模型（见图 6-8）：根据 3 个轮子各自运动速度，我们可以合成移动底盘整体运动的线速度 x、y，角速度 θ；主要应用是在使用测程法（odometry）时，测量每个轮子的编码器脉冲数来计算轮子的转速，最终得到 3 个轮子的线速度，根据正运动学模型方程求解出移动底盘整体的线速度 x、y，角速度 θ。

图 6-8　逆运动学模型求解示意图

6.2.3　逆运动学模型方程推导

我们首先进行逆运动学模型方程推导，如图 6-9 所示，规定 XOY 为世界坐标系，xoy 为移动底盘坐标系，V_a、V_b、V_c 为全向轮线速度；L_a、L_b、L_c 分别为移动底盘中心到 3 个全向轮与地面接触点之间的距离；V_x、V_y 是移动底盘相对于车体中心的线速度；θ 为移动底盘自转的角速度，逆时针为正方向；现在我们以移动底盘的某一具体位姿状态来分析，即线速度为 V_x、V_y，自转的角速度为 θ（正方向运动即逆时针运动），根据三轴全向移动底盘的运动特性、平面运动速度分解合成关系，依次分析车体 3 个轮子的速度及其运动学模型方程。

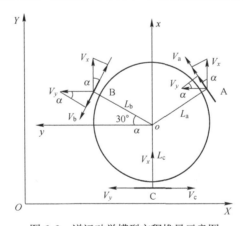

图 6-9　逆运动学模型方程推导示意图

首先分析 A 轮的运动状态，根据逆运动学模型可知，我们需要将 V_x、V_y 速度分解到 V_a 上，即可得知 A 轮的速度对整个移动底盘运动的作用。

如图 6-9 所示，设 V_{xa} 为 V_x 在 V_a 上分解后的速度，V_{ya} 为 V_y 在 V_a 上分解后的速度，$V_{\theta a}$ 为移动底盘的自转角速度作用在 A 轮上的速度。

（1）分解 V_x。由于 V_a 与 V_x 之间的夹角为 α，所以：

$$V_{xa} = V_x \times \cos\alpha \tag{6-1}$$

（2）分解 V_y。由图 6-9 可知，V_y 与 V_a 之间的夹角为 $90° - \alpha$，所以：

$$V_{ya} = V_y \times \sin\alpha \tag{6-2}$$

（3）由于移动底盘自身的角速度为θ，那么自转引起的线速度作用在 A 轮上的速度为：

$$V_{\theta a} = L_a \times \theta \tag{6-3}$$

（4）根据运动合成和分解可知：

$$V_a = V_{xa} + V_{ya} + V_{\theta a} = V_x \times \cos\alpha + V_y \times \sin\alpha + L_a \times \theta \tag{6-4}$$

然后分析 B 轮的运动状态，B 轮的运动情况 A 轮的一样，同理分析。

（1）分解V_x。由于V_x与V_b反方向之间的夹角为α，所以：

$$V_{xb} = -V_x \times \cos\alpha \tag{6-5}$$

（2）分解V_y。由于V_y与V_b之间的夹角为$90° - \alpha$，所以：

$$V_{yb} = V_y \times \sin\alpha \tag{6-6}$$

（3）由于移动底盘自身的角速度为θ，那么自转引起的线速度作用在 B 轮上的速度为：

$$V_{\theta b} = L_b \times \theta \tag{6-7}$$

（4）根据运动合成和分解可知：

$$V_b = V_{xb} + V_{yb} + V_{\theta b}$$
$$= -V_x \times \cos\alpha + V_y \times \sin\alpha + L_b \times \theta \tag{6-8}$$

最后分析 C 轮的运动状态（见图 6-9），由于V_x与V_c垂直，所以V_x在V_c方向上没有分解速度，同时V_y与V_c是反方向的，那么同样我们先假设V_{yc}为V_y在V_c上分解后的速度，$V_{\theta c}$为移动底盘的自转角速度作用在 C 轮上的速度。

（1）分解V_x。由于V_x与V_c垂直，所以：

$$V_{xc} = 0 \tag{6-9}$$

（2）分解V_y。由于V_y与V_c是相反的方向，所以：

$$V_{yc} = -V_y \tag{6-10}$$

（3）由于移动底盘自身的角速度为θ，那么自转引起的线速度作用在 C 轮上的速度为：

$$V_{\theta c} = L_c \times \theta \tag{6-11}$$

（4）根据运动合成和分解可知：

$$V_c = V_{xc} + V_{yc} + V_{\theta c}$$
$$= -V_y + L_c \times \theta \tag{6-12}$$

综上可得三轴全向轮移动底盘的逆运动学模型方程组为：

$$\begin{cases} V_a = V_x \times \cos\alpha + V_y \times \sin\alpha + L_a \times \theta & (6-13) \\ V_b = -V_x \times \cos\alpha + V_y \times \sin\alpha + L_b \times \theta & (6-14) \\ V_c = -V_y + L_c \times \theta & (6-15) \end{cases}$$

已知$\alpha = 30°$，且L_a、L_b、L_c都是相同的长度，为L，将其带入式（6-13）~式（6-15）中，可得：

$$V_{\mathrm{a}} = \frac{\sqrt{3}}{2} V_x + \frac{1}{2} V_y + L\theta \qquad (6\text{-}16)$$

$$V_{\mathrm{b}} = \frac{-\sqrt{3}}{2} V_x + \frac{1}{2} V_y + L\theta \qquad (6\text{-}17)$$

$$V_{\mathrm{c}} = -V_y + L\theta \qquad (6\text{-}18)$$

6.2.4　正运动学模型方程推导

得到逆运动学模型方程后，正运动学方程就很容易了，将该方程组作为三元一次方程组，把 V_x、V_y、θ 作为未知量，把 V_{a}、V_{b}、V_{c} 作为已知量即可，下面来介绍利用消元法求解过程。

（1）由式（6-16）和式（6-17）相加可得：

$$V_{\mathrm{a}} + V_{\mathrm{b}} = V_y + 2 \times L\theta \qquad (6\text{-}19)$$

（2）由式（6-18）和式（6-19）相加可得：

$$V_{\mathrm{a}} + V_{\mathrm{b}} + V_{\mathrm{c}} = 3 \times L\theta \qquad (6\text{-}20)$$

$$\theta = \frac{V_{\mathrm{a}} + V_{\mathrm{b}} + V_{\mathrm{c}}}{3 \times L} \qquad (6\text{-}21)$$

（3）将式（6-21）代入式（6-19）中，可以得出 V_y：

$$V_y = \frac{V_{\mathrm{a}} + V_{\mathrm{b}} - 2 \times V_{\mathrm{c}}}{3} \qquad (6\text{-}22)$$

（4）将式（6-22）代入式（6-16）中可得出 V_x：

$$V_x = \frac{\sqrt{3}(V_{\mathrm{a}} - V_{\mathrm{b}})}{3} \qquad (6\text{-}23)$$

（5）式（6-21）、式（6-22）、式（6-23）就是得到的正运动学方程组：

$$\begin{cases} V_x = \dfrac{\sqrt{3}(V_{\mathrm{a}} - V_{\mathrm{b}})}{3} \\[2mm] V_y = \dfrac{V_{\mathrm{a}} + V_{\mathrm{b}} - 2V_{\mathrm{c}}}{3} \\[2mm] \theta = \dfrac{V_{\mathrm{a}} + V_{\mathrm{b}} + V_{\mathrm{c}}}{3 \times L} \end{cases} \qquad (6\text{-}24)$$

无论运动学模型方程组构建得如何精确，在实际情况下，机器人的运动通常都会存在误差。误差通常分为静态误差、动态误差和随机误差。因此，对于机器人本体参数而言，轮子的半径，轮子装配的非对称性（包括电机轴线间的夹角、轮子中心距离车体中心的距离），以及运动过程中由于车体震动造成的轮子与地面间的接触面积不同所带来的不同滚动摩擦力等原因，都将导致运动误差的出现。因此，建立良好的机器人运动学模型只是我们进行机器人运动控制最基本的一步，并不是有了正确的运动学模型方程组就可以了，还需要完善我们的控制系统。后面我们将会对机器人运动特性及其误差做进一步分析。

6.2.5　航迹推算

航迹推算利用载体上一时刻的位置，根据航向和速度信息，推算得到当前时刻的位置，即根据实测的机器人行驶距离和航向计算其位置和行驶轨迹，一般受外界环境影响（路面平坦、轮胎摩擦力足够大的情况下）。但是由于其本身的测量误差是随时间累积的，所以单独工作时不能长时间保证高精度。这种方法可以作为机器人运动里程信息的短时参考，由于误差累积的原因无法作为长时参考（视觉里程计的回环检测功能会在最终进行全局优化，在一定程度上能解决这个问题），航迹推算方法可被认为是位移向量的不断累加，在每一个采样周期内，机器人的位姿估计取决于以前的计算周期，所以导致了误差的不断累积。

根据上一节中已经得到的机器人运动学模型，可以通过每一时刻轮子的变化情况计算出机器人的运动轨迹，以及当前的位姿描述，暂且将这种方法称为编码器导航。

惯性导航主要依赖于 MEMS 元件，根据陀螺仪、加速度计的变化推算机器人的运动轨迹。

相比之下，基于视觉传感器的视觉里程计中的回环检测就能在一定情况下解决累积误差的问题。不同航迹推算算法的比较如表 6-1 所示。

表 6-1　不同航迹推算算法的比较

	编码器导航	视觉导航	惯性导航
计算复杂度	简单	复杂	一般
稳定性	高	一般	一般
累积误差	大	小	大
回环检测	无	有	无
缺点	轮子与地面之间如果打滑就会导致所有的里程信息出错	光线和环境相似度会影响视觉里程计的计算结果	对传感器和外部电磁环境的要求较高

为了弥补编码器导航方法转动角度和角速度计算不准确的缺陷，本书设计使用了基于机器人运动学模型的编码器数据和惯性导航数据融合的定位方法生成里程信息，由此提供更为精准的里程信息。

6.3　ros_arduino_bridge 功能包集

ros_arduino_bridge 功能包集包括了 Arduino 库（ROSArduinoBridge）和一系列用来控制基于 Arduino 的 ROS 功能包，它使用的是标准的 ROS 消息和服务。这个功能包集并不依赖于

ROS 串口，其功能包括：

（1）可以直接支持 ping 声呐和 Sharp 红外线传感器；

（2）可以从通用的模拟和数字信号传感器读取数据；

（3）可以控制数字信号的输出；

（4）支持 PWM 伺服机；

（5）如果使用所要求的硬件，可以配置基本的控制。

6.3.1　ros_arduino_bridge 功能包集简介

ros_arduino_bridge 功能包集的整体架构主要包含 4 大模块，即 ros_arduino_bridge、ros_arduino_firmware、ros_arduino_msgs、ros_arduino_python，下面列出了各个模块的功能：

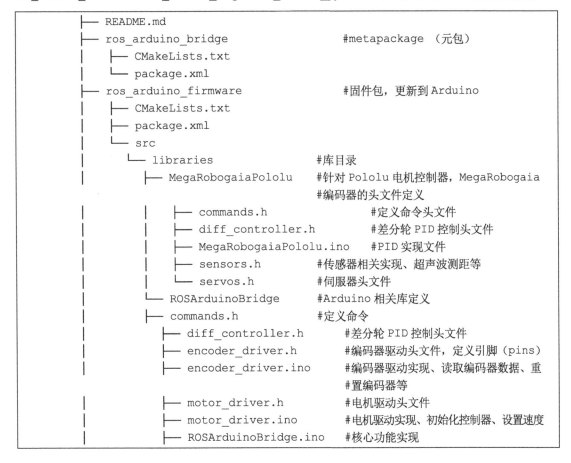

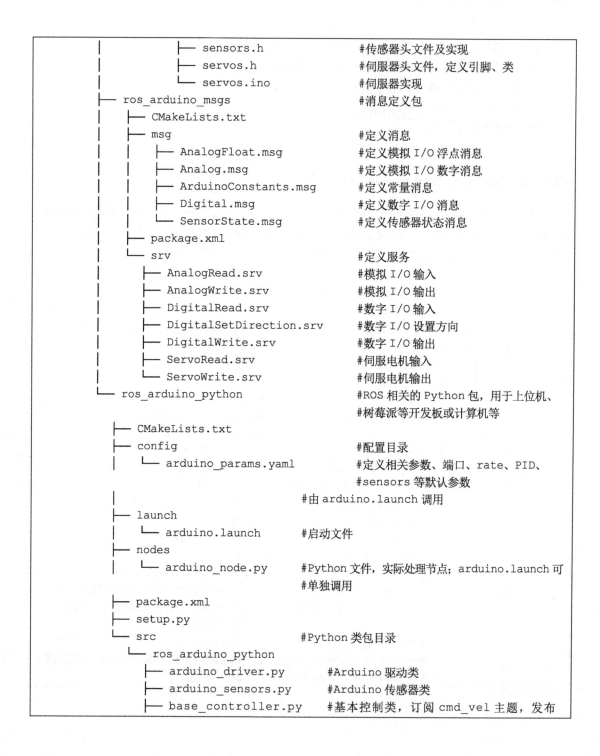

```
|                    ├── sensors.h                    #传感器头文件及实现
|                    ├── servos.h                     #伺服器头文件，定义引脚、类
|                    └── servos.ino                   #伺服器实现
├── ros_arduino_msgs                                  #消息定义包
|    ├── CMakeLists.txt
|    ├── msg                                          #定义消息
|    |    ├── AnalogFloat.msg                         #定义模拟 I/O 浮点消息
|    |    ├── Analog.msg                              #定义模拟 I/O 数字消息
|    |    ├── ArduinoConstants.msg                    #定义常量消息
|    |    ├── Digital.msg                             #定义数字 I/O 消息
|    |    └── SensorState.msg                         #定义传感器状态消息
|    ├── package.xml
|    └── srv                                          #定义服务
|         ├── AnalogRead.srv                          #模拟 I/O 输入
|         ├── AnalogWrite.srv                         #模拟 I/O 输出
|         ├── DigitalRead.srv                         #数字 I/O 输入
|         ├── DigitalSetDirection.srv                 #数字 I/O 设置方向
|         ├── DigitalWrite.srv                        #数字 I/O 输出
|         ├── ServoRead.srv                           #伺服电机输入
|         └── ServoWrite.srv                          #伺服电机输出
└── ros_arduino_python                                #ROS 相关的 Python 包，用于上位机、
                                                      #树莓派等开发板或计算机等
     ├── CMakeLists.txt
     ├── config                                       #配置目录
     |    └── arduino_params.yaml                     #定义相关参数、端口、rate、PID、
                                                      #sensors 等默认参数
     |                                  #由 arduino.launch 调用
     ├── launch
     |    └── arduino.launch             #启动文件
     ├── nodes
     |    └── arduino_node.py             #Python 文件，实际处理节点；arduino.launch 可
                                         #单独调用
     ├── package.xml
     ├── setup.py
     └── src                             #Python 类包目录
          └── ros_arduino_python
               ├── arduino_driver.py      #Arduino 驱动类
               ├── arduino_sensors.py     #Arduino 传感器类
               ├── base_controller.py     #基本控制类，订阅 cmd_vel 主题，发布
```

```
                                                    #Odom 主题
        └── __init__.py                             #类包默认空文件
```

如果想详细了解 ros_arduion_bridge 功能包集的使用方法，可以仔细阅读源码下的 README.md 文件，该文件详细说明了整个功能包集的架构、如何配置和修改代码等。

6.3.2 安装 ros_arduino_bridge 功能包集

在 ROS WiKi 上有 ros_arduino_bridge 的主页，但是官网的介绍并不详细。可以在 github 源码仓库主页找到详细介绍。

需要下载的分支是 indigo-devel，因为该分支是目前代码较为稳定的分支。当然，该分支的代码也可在 ROS 的 kinetic 版本中使用，整个下载过程如下所示。

（1）切换到 ROS 工作空间的 src 目录下：

```
$ git clone https://github.com/hbrobotics/ros_arduino_bridge.git
```

（2）等待下载完成，进入 ros_arduino_bridge 目录下，检查下载的分支是否正确；

```
$ cd ros_arduino_bridge/
$ git branch
```

（3）切换到 ROS 工作目录的根目录下，执行 catkin_make 命令对整个功能包集进行编译。

6.3.3 安装 python-serial 功能包

由于 ros_arduino_bridge 功能包集使用 Python 来编写上层 ROS 代码，通过串口直接发送命令到 Arduino 板完成与 ROS 进行通信，所以需要安装一些基础软件才能保证 ros_arduino_bridge 功能包集正常工作，主要就是需要安装 python-serial 软件包。

Ubuntu 系统中的安装命令如下：

```
$ sudo apt-get install python-serial
```

由于早期的 Arduino IDE 版本使用预处理#include 时存在问题，所以要保证 Arduino IDE 的版本为 1.6.6 或更高的版本以上才可以。查看 Arduino IDE 的版本号，可通过直接打开软件，在软件标题栏上即可看到版本号。

6.3.4 串口的操作权限

由于 ros_arduino_bridge 功能包集和 Arduino IDE 都需要对串口进行读写操作，所以需要检查当前用户是否对串口有操作权限。一般情况下，Arduino 连接到计算机时会挂载在

dev/ttyUSB*上。通过以下命令查看：

```
$ ls -l /dev/ttyUSB*
```

根据权限可知 Arduino 设备是字符设备，属于 root 用户，dialout 用户组。可以通过 groups 命令查看当前用户是否属于 dialout 用户组，从而得知当前用户有无权限操作该 Arduino 设备：

```
$ groups
```

若通过 groups 命令发现当前用户没有在 dialout 用户组时，需要通过以下命令将当前用户加入 dialout 用户组，这样才有对 Arduino 设备的串口进行读写的权限：

```
$ sudo usermod -a -G dialout ubuntu
```

将最后的 ubuntu 改成当前的用户名即可，然后通过 groups 命令就可看到当前用户已经被添加到 dialout 用户组了。

接下来需要将 ros_arduino_bridge 功能包集中的 ROSArduinoBridge 安装到 Arduino 的库文件目录下，我们可以通过以下命令完成：

```
#进入 ros_arduino_fimware 下的库目录中，找到 ROSArduinoBridge
$ cd ros_arduino_bridge/ros_arduino_firmware/src/libraries
#将其复制到 Arduino 的库文件目录下
$ cp -rf ROSArduinoBridge/ ~/Arduino/libraries/
$ ls -l
$ tree ROSArduinoBridge/
```

打开 Arduino IDE 中的"example"（示例）查看刚才复制的 ROSArduinoBridge 是否存在。单击后即可打开查看整个项目源码了。

虽然 ros_arduino_bridge 功能包集是为两轮的差速驱动底盘所设计的，但是可以通过修改其中的代码，使其应用在三轴全向轮移动机器人上。只需要在代码中增加一路电机控制，同时修改一下底盘的运动学模型方程组，就可以将两轮差速驱动底盘修改成三轴全向轮移动底盘了。

6.4 下位机 Arduino 代码详解

6.4.1 ros_arduino_bridge 功能简介

ros_arduino_bridge 代码运行在移动底盘的 Arduino Mega2560 主控板上，用来控制移动底盘电机转动，并接收各电机编码器的反馈，这样移动底盘就可以形成闭环控制。

之所以要闭环控制，是因为每个电机的实际转速在负载的影响下并不能 100%达到预期的转速效果，所以需要不断地根据编码器反馈来调整各电机的转速，使最终的实际转速或转动距离与预期相符（预期的各电机转速是根据运动模型方程组计算得到的）。

闭环控制流程如图 6-10 所示。

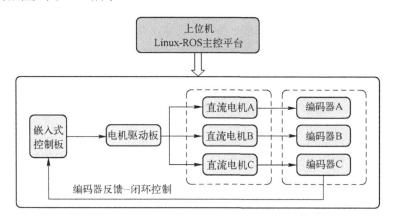

图 6-10　闭环控制流程

6.4.2　创建 ros_arduino_bridge 项目

首先将原始的 ros_arduino_bridge 代码"另存为"一份，保存至自己的项目路径下，一般将其保存至 Arduino 默认的存储路径下。然后在新代码下进行修改。为了防止与原始代码的名称混淆，最好重新命名新项目代码，此处我们将新项目代码重命名为"mobileBase_Arduino_Code"。

Arduino部分的代码，共包含有 10 个文件，对于目前我们制作的移动底盘来说，有些文件并不需要，可以删除，如 servos.h、servos.ino。同时，diff_controller.h 这个文件是为两轮的差速驱动底盘所准备的，所以我们需要将其重命名为全向移动底盘的文件名，本章我们将其命名为"omniWheel_controller.h"。

6.4.3　mobileBaseArduinoCode.ino

项目创建完成后就可以对代码进行分析和修改了。首先修改 mobileBaseArduinoCode.ino 文件中的代码，该文件是入口文件，包含了 setup()、loop()函数，用来完成核心功能的实现。下面列出主要的修改步骤。

（1）宏定义，如#define USB_BASE、#define POLOLU_VNH5019、#ifdef USB_SERVOS 等：

```
#define USB_BASE             //是否定义底盘
#define POLOLU_VNH5019       //是否使用这个型号的双路电机驱动板
#ifdef USB_SERVOS            //是否使用了舵机
```

因为我们是按照自己的需求来设计移动底盘的，并没有使用默认的电机驱动板和各种编码器，所以和它们的宏定义并没有关系，都可以删除，使我们的代码简单明了。

（2）修改 diff_controller.h 头文件为 omniWheel_controller.h：

```
#include "omniWheel_controller.h"
```

（3）修改宏定义 #define AUTO_STOP_INTERVAL，使每次的运动命令间隔更短、电机响应速度更快：

```
#define AUTO_STOP_INTERVAL  270    //如果在 270ms 内没有收到动作命令，将停止
机器人
```

（4）将 argv1[16]、argv2[16]修改为 argv1[48]、argv2[48]，并在后面增加 argv3[48]，同时也增加 arg3 全局变量：

```
//通过字符数组来保存第1个、第2个、第3个参数
char argv1[48];
char argv2[48];
char argv3[48];
// 定义参数
long arg1 = 0;
long arg2 = 0;
long arg3 = 0;
```

（5）在 runCommand()函数中增加关于 arg3 的代码：

```
/* Run a command.  Commands are defined in commands.h */
int runCommand()
{
  int i  = 0;
  char *p = argv1;     // p 指针用于更新 PID 参数
  char *str;
```

```
           int pid_args[12];//增加 PID 参数，双轮共用一套 PID 即可，此处 3 个车轮，每个车
                            //轮一套 PID

    arg1 = atoi(argv1);
    arg2 = atoi(argv2);
    arg3 = atoi(argv3);
……（省略部分）
//读取 3 个车轮编码器的参数，与 commands.h 中的定义对应
    case READ_ENCODERS:  //'e'
      Serial.print(readEncoder(A_WHEEL));
      Serial.print(" ");
      Serial.print(readEncoder(B_WHEEL));
      Serial.print(" ");
      Serial.println(readEncoder(C_WHEEL));        //改为 3 个车轮
      break;
……（省略部分）
    case MOTOR_SPEEDS:  //'m'
      lastMotorCommand = millis(); /* Reset the auto stop timer */
      if (arg1 == 0 && arg2 == 0 && arg3 == 0)  //增加第 3 个参数
      {
        setMotorSpeeds(0, 0, 0);// 将 3 个电机的速度都置为 0
        resetPID();
        moving = 0;
      }
      else
      {
        moving = 1;
      }
      AWheelPID.TargetTicksPerFrame = arg1;  //将参数改为 3 套
      BWheelPID.TargetTicksPerFrame = arg2;
      CWheelPID.TargetTicksPerFrame = arg3;
      Serial.println("OK");
      break;
     case UPDATE_PID:  //'u'更新 PID 参数，此时 3 个车轮都需要矫正，改为 3 套 PID
       while ((str = strtok_r(p, ":", &p)) != '\0')
       {
         pid_args[i] = atoi(str);
         i++;
```

```
        }
        AWheel_Kp = pid_args[0];
        AWheel_Kd = pid_args[1];
        AWheel_Ki = pid_args[2];
        AWheel_Ko = pid_args[3];

        BWheel_Kp = pid_args[4];
        BWheel_Kd = pid_args[5];
        BWheel_Ki = pid_args[6];
        BWheel_Ko = pid_args[7];

        CWheel_Kp = pid_args[8];
        CWheel_Kd = pid_args[9];
        CWheel_Ki = pid_args[10];
        CWheel_Ko = pid_args[11];
        Serial.println("OK");
        break;
    //加入 READ_PIDIN 和 READ_PIDOUT 两套参数,用于查看输入和输出是否一致,用于 PID
    //校准
    case READ_PIDIN:
        Serial.print(readPidIn(A_WHEEL));
        Serial.print(" ");
        Serial.print(readPidIn(B_WHEEL));
        Serial.print(" ");
        Serial.println(readPidIn(C_WHEEL));
        break;
      case READ_PIDOUT:
        Serial.print(readPidOut(A_WHEEL));
        Serial.print(" ");
        Serial.print(readPidOut(B_WHEEL));
        Serial.print(" ");
        Serial.println(readPidOut(C_WHEEL));
        break;
      default:
        Serial.println("Invalid Command");
        break;
    }
   return 0;
  }
```

（6）将 setup()函数中初始化编码器部分的代码删除，这里我们使用 Arduino 中断计数的方式来实现：

```
/* Setup function--runs once at startup. */
void setup()                    //设置终端引脚模式
{
  Serial.begin(BAUDRATE);

  initEncoders();               //初始化编码器
  initMotorController();        //初始化电机控制器
  resetPID();
}
```

（7）在 loop()函数中增加关于 argv3 的代码，同时将最后部分的 Sweep servos 代码删除，因为我们在底盘上没有使用 servos：

```
/* 主循环，从串行端口读取和解析输入，并运行任何有效命令。在目标区间运行 PID 计算并
检查自动停止条件*/
void loop()  //循环
{
  while (Serial.available() > 0)     //读取 Arduino 串口中是否得到上位机传
//送的指令，一直在串口缓存区进行读取，当缓存中出现数据，就执行操作，否则超时，就做判断
  {
    chr = Serial.read();          //读取下一个字符
    if (chr == 13)                //Terminate a command with a CR
    {
      if (arg == 1)
      {
        argv1[index] = '\0';
      }
      else if (arg == 2)
      {
        argv2[index] = '\0';
      }
      else if (arg == 3)    //增加语句
      {
        argv3[index] = '\0';
      }
```

```
        runCommand();
        resetCommand();
      }
    else if (chr == '') // Use spaces to delimit parts of the command
    {
      // 单步调试
      if (arg == 0)

……(省略部分)

    else                     // process single-letter
    {
      if (arg == 0)
      {
        cmd = chr;          //第 1 个参数是单字母命令
      }
      else if (arg == 1)
      {
        //后续的参数可以是多个字符
        argv1[index] = chr;
        index++;
      }
      else if (arg == 2)
      {
        argv2[index] = chr;
        index++;
      }
      else if (arg == 3)            // 如果存在 3 个参数
      {
        argv3[index] = chr;         //把数据存在此处
        index++;
      }
    }
  } //end while()

  //在适当的时间间隔运行 PID 计算
  if (millis() > nextPID)           // 超过间隔
  {
    updatePID();                    //PID 置零
```

```
     nextPID += PID_INTERVAL;
  }
  //检查是否超过了自动停车间隔
  if ((millis() - lastMotorCommand) > AUTO_STOP_INTERVAL)
  {
    setMotorSpeeds(0, 0, 0);    //电机速度置为 0
    resetPID();
    moving = 0;
  }
}
```

6.4.4　commands.h

commands.h 源码文件用于定义上位机与移动底盘通信的所有命令，主要的修改步骤如下。

（1）增加 A_WHEEL、B_WHEEL、C_WHEEL 三个车轮的宏定义，将 LEFT、RIGHT 左右两车轮的宏定义删除。

（2）增加车轮正转和反转的标志，方便对编码器进行计数。当全向轮正转时，脉冲计数增加；当反转时，脉冲计数减小：

```
#ifndef COMMANDS_H
#define COMMANDS_H

#define ANALOG_READ     'a'
……（省略部分）
#define READ_PIDIN      'i'          //增加 PID 输入和输出反馈标志
#define READ_PIDOUT     'o'
#define A_WHEEL         1            //增加 3 个车轮的宏定义
#define B_WHEEL         2
#define C_WHEEL         3
#define FORWARDS        true         //增加轮子正转和反转的标志
#define BACKWARDS       false
#endif
```

6.4.5　encoder_driver.h

encoder_driver.h 文件定义了各直流电机的编码器与 Arduino Mega2560 的引脚连接，同时也定义了读取和重置各编码器计数的函数。主要的修改步骤如下。

定义每个编码器的 A、B 相输出连接的中断引脚，由于 Arduino Mega2560 共有 6 路可以连接外部中断的引脚，A 电机的编码器 A、B 相输出连接 Pin2（中断 0）、Pin3（中断 1），B 电机的编码器 A、B 相输出连接 Pin21（中断 2）、Pin20（中断 3），C 电机的编码器 A、B 相输出连接 Pin19（中断 4）、Pin18（中断 5）：

```
//A wheel encode pin
#define ENC_A_PIN_A  20          //引脚 20 -- 中断 3
#define ENC_A_PIN_B  21          //引脚 21 -- 中断 2

//B wheel encode pin
#define ENC_B_PIN_A  2           //引脚 2 -- 中断 0
#define ENC_B_PIN_B  3           //引脚 3 -- 中断 1

//C wheel encode pin
#define ENC_C_PIN_A  18          //引脚 18 -- 中断 5
#define ENC_C_PIN_B  19          //引脚 19 -- 中断 4
```

6.4.6　encoder_driver.ino

　　encoder_driver.ino 源码文件为编码器驱动的实现文件，包括读取编码器数据、重置编码器计数等。由于我们以中断的方式统计各编码器的脉冲数，因此需要增加初始化编码器的代码，主要的修改步骤如下。

　　（1）增加 void initEncoders()函数，用来设置中断引脚的模式和连接各中断处理函数。设置各中断引脚为 INPUT 模式，这里我们设置编码器 A、B 相输出脉冲为电平变化触发，这样可以提高测量脉冲数的精度。使用 attachInterrupt()函数为中断发生时执行特定名称的中断服务程序，该函数有 3 个输入参数，即连接的中断号、中断发生时的中断服务程序、定义中断触发类型：

```
/* 初始化编码器连接引脚 */
void initEncoders()
{
 pinMode(ENC_A_PIN_A, INPUT);
 pinMode(ENC_A_PIN_B, INPUT);
 attachInterrupt(3, encoderA_ISR, CHANGE);
 attachInterrupt(2, encoderA_ISR, CHANGE);

 pinMode(ENC_B_PIN_A, INPUT);
 pinMode(ENC_B_PIN_B, INPUT);
```

```
    attachInterrupt(0, encoderB_ISR, CHANGE);
    attachInterrupt(1, encoderB_ISR, CHANGE);

    pinMode(ENC_C_PIN_A, INPUT);
    pinMode(ENC_C_PIN_B, INPUT);
    attachInterrupt(5, encoderC_ISR, CHANGE);
    attachInterrupt(4, encoderC_ISR, CHANGE);
  }
```

（2）将 ifdef ROBOGAIA 部分的代码删除，因为我们并没有使用 Robogaia Mega Encoder shield。

（3）修改 elif defined（ARDUINO_ENC_COUNTER）部分统计中断计数的代码：

```
/* 用于 A 编码器的中断服务程序，负责实时计数*/
void encoderA_ISR ()
{
  if (directionWheel(A_WHEEL) == BACKWARDS)
  {
    A_enc_pos--;
  }
  Else
  {
    A_enc_pos++;
  }
}
/* 用于 B 编码器的中断服务程序，负责实时计数*/
void encoderB_ISR ()
{
  if (directionWheel(B_WHEEL) == BACKWARDS)
  {
    B_enc_pos--;
  }
  else
  {
    B_enc_pos++;
  }
}
/* 用于 C 编码器的中断服务程序，负责实时计数*/
void encoderC_ISR ()
```

```
      {
        if (directionWheel(C_WHEEL) == BACKWARDS)
        {
          C_enc_pos--;
        }
        else
        {
          C_enc_pos++;
        }
      }
```

（4）增加 3 个易失型变量，统计各路脉冲。在中断中定义计数变量，必须增加 volatile，volatile 提醒编译器其后面所定义的变量随时都有可能改变，因此编译后的程序每次需要存储或读取这个变量的时候，都会直接从变量地址中读取数据：

```
      volatile long A_enc_pos = 0L;
      volatile long B_enc_pos = 0L;
      volatile long C_enc_pos = 0L;
```

（5）修改 resetEncoders()函数，因为我们有 3 个编码器：

```
      /* 设置编码器的读取功能 */
      long readEncoder(int i)
      {
        if (i == A_WHEEL)
        {
          return A_enc_pos;
        }
        else if (i == B_WHEEL)
        {
          return B_enc_pos;
        }
        else
        {
          return C_enc_pos;
        }
      }
      /* 设置编码器的复位功能*/
      void resetEncoders() {
        A_enc_pos = 0L;
```

```
    B_enc_pos = 0L;
    C_enc_pos = 0L;
}
```

6.4.7　motor_driver.h

motor_driver.h 源码文件是电机驱动头文件，需要对 setMotorSpeed()函数进行修改，该函数默认包含两个参数，分别为左右两个车轮的速度，这里要将其修改为 3 个车轮的速度，3 个参数分别为 int ASpeed、int BSpeed、int CSpeed：

```
/* 电机驱动函数的定义 */
void initMotorController();
//将 void setMotorSpeed(int i, int spd)改为 3 个车轮的速度参数
void setMotorSpeed(int ASpeed, int BSpeed, int CSpeed);
```

6.4.8　motor_driver.ino

motor_driver.ino 源码文件为电机驱动的实现文件，包括初始化控制器、设置各电机的转速等，主要的修改步骤如下。

（1）增加各电机控制引脚和 PWM 引脚的定义：

```
//3 个电机控制引脚的定义
static const int A_IN1  = 26;
static const int A_IN2  = 28;
static const int A_PWM  = 4;      // A

static const int B_IN1  = 30;
static const int B_IN2  = 32;
static const int B_PWM  = 6;      //B

static const int C_IN1  = 24;
static const int C_IN2  = 22;
static const int C_PWM  = 5;      //C

static boolean direcA = FORWARDS;  //设置默认转动方向
static boolean direcB = FORWARDS;
static boolean direcC = FORWARDS;
```

（2）将 ifdef POLOLU_VNH5019 和 elif defined POLOLU_MC33926 部分的代码删除，因为我们根本没有使用这两种型号的电机驱动板。我们直接使用 Arduino Mega2560 来控制电机驱动板，因此需要增加属于自己的各种电机驱动函数。

（3）增加初始化电机控制引脚的 initMotorController()函数，初始化各引脚的模式，全部设置成输出（OUTPUT）模式：

```
/*初始化电机驱动程序，将所有电机控制引脚设置为输出模式 **/
void initMotorController()              //初始化电机控制器
{
  pinMode(A_IN1, OUTPUT);              //OUTPUT 模式
  pinMode(A_IN2, OUTPUT);
  pinMode(A_PWM, OUTPUT);

  pinMode(B_IN1, OUTPUT);
  pinMode(B_IN2, OUTPUT);
  pinMode(B_PWM, OUTPUT);

  pinMode(C_IN1, OUTPUT);
  pinMode(C_IN2, OUTPUT);
  pinMode(C_PWM, OUTPUT);
}
```

（4）增加控制电机的 setMotorSpeed()函数，同时输入 3 个电机的转速，然后分别控制每一路电机的转速：

```
//设置 3 个电机的转速
void setMotorSpeed(int ASpeed, int BSpeed, int CSpeed)
{
  setMotorSpeed(A_WHEEL, ASpeed);
  setMotorSpeed(B_WHEEL, BSpeed);
  setMotorSpeed(C_WHEEL, CSpeed);
}
```

（5）增加控制单路电机的 setMotorSpeed()函数。由于其在 PWM 控制时有最大值，所以当输入的 PWM 值大于最大值时，需要限制在最大值。这里拿 A 轮的转动为例，当 PWM 值为正值时，记录电机为正向转动，这是为了对编码器的脉冲计数做修正，因为只有当电机正向转动时脉冲计数才增加，若电机反向转动则脉冲计数减少。这里控制电机正向转动和反向转动是根据电机的控制信号逻辑来设置的（见表 6-2）：

表 6-2　电机的控制信号及对应输出

IN1	IN2	ENA	OUT1、OUT2 输出
0	0	x	刹车
1	1	x	悬空
1	0	PWM	正向转动调速
0	1	PWM	反向转动调速
1	0	1	全速正向转动
0	1	1	全速反向转动

```
void setMotorSpeed(int wheel, int spd)   // 设置单路电机的转速
{
  if (spd > MAX_PWM)      // 运行速度超过 PWM 最大值产生的最大速度时，将速度设置为
                          // PWM 允许的最大速度
  {
    spd = MAX_PWM;
  }
  if (spd < -MAX_PWM)        // 反向转动
  {
    spd = -1 * MAX_PWM;
  }

  if (wheel == A_WHEEL)     // A 车轮电机转向设置
  {
    if (spd >= 0)
    {
    direcA = FORWARDS;
      digitalWrite(A_IN1, LOW);
      digitalWrite(A_IN2, HIGH);
      analogWrite(A_PWM, spd);
    }
    else if (spd < 0)
    {
      direcA = BACKWARDS;
      digitalWrite(A_IN1, HIGH);
      digitalWrite(A_IN2, LOW);
      analogWrite(A_PWM, -spd);
    }
  }
```

```
        else if (wheel == B_WHEEL)    //B 车轮电机转向设置
        {
          ......（省略部分）//与 A 类似
        }
        else                          //C 车轮电机转向设置
        {
          if (spd >= 0)
          {
            ......（省略部分）          //与 A 车轮类似
          }
        }
    }
```

6.4.9 omniWheel_controller.h

omniWheel_controller.h 文件是控制各全向轮的 PID 控制头文件，需要进行以下修改。

（1）将 "SetPointInfo leftPID，rightPID" 修改为 "SetPointInfo AWheelPID，BWheelPID，CWheelPID"：

```
        SetPointInfo AWheelPID, BWheelPID, CWheelPID;    //改为 3 车轮的 PID
```

（2）由于原始的代码是两个车轮使用同一套 PID 参数，而此处我们需要为每一车轮设置一套 PID 参数，以满足运行的稳定：

```
        /* 默认的 PID 参数 */
        int AWheel_Kp = 11;    // A 车轮 PID 参数
        int AWheel_Kd = 15;
        int AWheel_Ki = 0;
        int AWheel_Ko = 50;    // 此处 PID 随后会根据小车的运行情况再次被校准，并不是一
                               // 成不变的

        int BWheel_Kp = 11;    // B 车轮 PID 参数
        int BWheel_Kd = 15;
        int BWheel_Ki = 0;
        int BWheel_Ko = 50;

        int CWheel_Kp = 11;    // C 车轮 PID 参数
        int CWheel_Kd = 16;
        int CWheel_Ki = 0;
```

```
int CWheel_Ko = 50;
```

（3）修改 resetPID() 函数，因为现在有 3 套 PID 参数，需要重置每套 PID 参数：

```
void resetPID()              //重置 PID 参数
{
// 重置 A 车轮 PID 参数
  AWheelPID.TargetTicksPerFrame = 0.0;
  AWheelPID.Encoder = readEncoder(A_WHEEL);
  AWheelPID.PrevEnc = AWheelPID.Encoder;
  AWheelPID.output    = 0;
  AWheelPID.PrevInput = 0;
  AWheelPID.ITerm     = 0;
// 重置 B 车轮 PID 参数
  BWheelPID.TargetTicksPerFrame = 0.0;
  BWheelPID.Encoder = readEncoder(B_WHEEL);
  BWheelPID.PrevEnc = BWheelPID.Encoder;
  BWheelPID.output    = 0;
  BWheelPID.PrevInput = 0;
  BWheelPID.ITerm     = 0;
// 重置 C 车轮 PID 参数
  CWheelPID.TargetTicksPerFrame = 0.0;
  CWheelPID.Encoder = readEncoder(C_WHEEL);
  CWheelPID.PrevEnc = CWheelPID.Encoder;
CWheelPID.output    = 0;
  CWheelPID.PrevInput = 0;
  CWheelPID.ITerm     = 0;
}
```

（4）将 doPID() 函数修改为分别对每一车轮的 PID 进行校准，即 doAWheelPID() 函数、doBWheelPID() 函数和 ddCWheelPID() 函数：

```
/* PID routine to compute the next A motor commands */
void doAWheelPID(SetPointInfo *p)        //A 车轮 PID 校准
{
  long Perror = 0;
  long output = 0;
  int input   = 0;
```

```
        p->Encoder = readEncoder(A_WHEEL);//将 PID 参数改为与各车轮 PID 对应的名字
        input = p->Encoder - p->PrevEnc;
        Perror = p->TargetTicksPerFrame - input;

        output = (AWheel_Kp * Perror - AWheel_Kd * (input - p->PrevInput) + p->ITerm) / AWheel_Ko;
        p->PrevEnc = p->Encoder;  //save current encoder value to
preEncoder

        output += p->output;
        // 累积积分误差或极限输出
        //当输出饱和，停止积累
        if (output >= MAX_PWM)
        {
          output = MAX_PWM;
        }
        else if (output <= -MAX_PWM)
        {
          output = -MAX_PWM;
        }
        Else
        {
          p->ITerm += AWheel_Ki * Perror;
        }
    //保存当前 PID 输出，作为下一个 PID 参数输入
     p->output   = output;
     p->PrevInput = input;
    }
    void doBWheelPID(SetPointInfo * p);     //B 车轮 PID 校准
    {
    ……（省略部分）  //B 车轮 PID 校准同 A 一样，注意更改各车轮对应的名字
    }
    void doCWheelPID(SetPointInfo * p);     //C 车轮 PID 校准
    {
    ……（省略部分）  //C 车轮 PID 校准同 A、B 一样，注意更改各车轮对应的名字
    }
```

（5）更新 updatePID()函数，由于默认是对两个车轮的 PID 进行校准，现在需要将其修改

为对 3 个车轮的 PID 进行校准。首先依次读取每个电机的编码器反馈的电机转动脉冲数，然后判断当前是否处于调整电机转动的过程中。若目前处于停止转动状态，那么就重置每一套 PID 参数，不重新计算校准 PID 参数；若现在处于校准过程中，分别对每一个全向轮进行校准。这里 PID 校准的是每个 PID 校准周期内编码器的脉冲数：

```
/* 读取编码器值并校准 PID 程序 */
void updatePID()
{
  AWheelPID.Encoder = readEncoder(A_WHEEL);      //读取编码器值
  BWheelPID.Encoder = readEncoder(B_WHEEL);
  CWheelPID.Encoder = readEncoder(C_WHEEL);
//如果车轮在移动，则校准
/* 如果车轮没有移动，则需要 resetPID()  */
  if (!moving)
  {
    if (AWheelPID.PrevInput != 0 || BWheelPID.PrevInput != 0 ||
CWheelPID.PrevInput != 0)
    {
      resetPID();
    }
    return;
  }
  /* 对每个车轮的 PID 进行校准 */
  doAWheelPID(&AWheelPID);
  doBWheelPID(&BWheelPID);
  doCWheelPID(&CWheelPID);
 /* 相应地设定电机转速 */
  setMotorSpeeds(AWheelPID.output, BWheelPID.output, CWheelPID. output);
//根据调速结果，让电机再次转动
  }
```

6.4.10　sensors.h

sensors.h 文件是传感器及其实现的头文件。由于我们并未增加各种避障传感器，所以现在该文件不用修改。随后增加各种碰撞传感器、防跌落传感器、超声波测距传感器时再根据需要修改该文件即可。

6.5   上位机 ros_arduino_python 代码

6.5.1   ros_arduino_python 功能简介

该部分使用 Python 编写，作为控制全向移动底盘移动的计算中心，主要完成两件事，即监听 cmd_vel 主题，根据正运动学方程组计算得到 3 个电机的转速并发给下位机 Arduino 执行；接收电机的编码器反馈，根据逆运动学方程组，由 3 个编码器反馈合成整个底盘的线速度和角速度，计算得到里程计信息并发布：

```
#目录地址
~/omniWheelCareRobot/rosCode/src/ros_arduino_bridge/ros_arduino_python
```

树状目录结构示意图如图 6-11 所示。

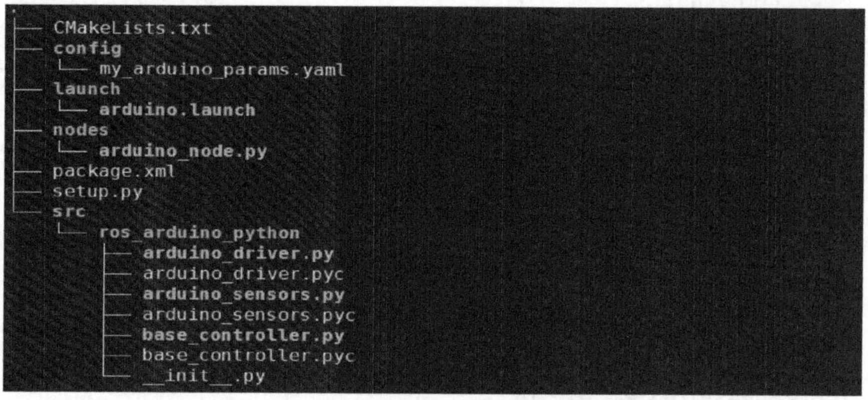

```
├── CMakeLists.txt
├── config
│   └── my_arduino_params.yaml
├── launch
│   └── arduino.launch
├── nodes
│   └── arduino_node.py
├── package.xml
├── setup.py
├── src
│   └── ros_arduino_python
│       ├── arduino_driver.py
│       ├── arduino_driver.pyc
│       ├── arduino_sensors.py
│       ├── arduino_sensors.pyc
│       ├── base_controller.py
│       ├── base_controller.pyc
│       └── __init__.py
```

图 6-11   树状目录结构示意图

1．config：配置文件

（1）my_arduino_params.yaml：定义端口、rate、PID、sensors 等参数，在 arduino.launch 文件执行时调用。

（2）arduino.launch：启动文件。

（3）arduino_node.py：处理节点，由 arduino.launch 调用，也可单独调用。

2．src：Python 类包目录

（1）arduino_driver.py：Arduino 的驱动类。

（2）arduino_sensors.py：Arduino 的传感器类。

（3）base_controller.py：基本控制类，订阅 cmd_vel 主题，发布 odom 主题。

6.5.2　arduino.launch

从 arduino.launch 文件中可以清晰地看到一共启动了几个节点。打开 launch 文件夹，分析其中的 arduino.launch 启动文件：

```
      <launch>
         <node name="mobilebase_arduino" pkg="ros_arduino_python" type= "arduino_
node.py" output="screen">
            <rosparam file="$(find ros_arduino_python)/config/my_arduino_ params.
yaml" command="load" />
         </node>
      </launch>
```

（1）从 arduino.launch 文件中可以看到只启动了一个节点。

① 节点名称：mobilebase_arduino。

② 包名：ros_arduino_python。

③ 执行文件：arduino_node.py。

④ output="screen"：表明该节点运行过程中的输出信息不需要保存至默认调试的文件中，直接在屏幕输出即可。默认的情况是所有节点的调试信息会保存到文件中。

（2）rosparam 为运行该节点时需要加载的参数。

① 通过 find 命令找到 ros_arduino_python 的路径，依次找到下面的 config 文件夹，最终需要加载的参数文件名是 my_arduino_params.yaml。

② command="load"：表明从文件中加载参数。

注意：运行 arduino.launch 文件时，roslaunch 首先检查 roscore 是否已经启动，如果没有，则启动 roscore。roscore 会做以下 3 件事。

● 启动 master 节点，该节点是隐藏的，用于通过消息名查询目标节点，实现消息、服务在各节点之间的连接。

● 启动 parameter server，用于设置与查询参数。

● 启动日志节点，记录所有消息的收发和 stdout、stderr。

6.5.3　my_arduino_params.yaml

my_arduino_params.yaml 文件中的内容主要用于定义 port、baud、timeout、rate 等参数，在运行 arduino.launch 文件时调用：

```
        port: /dev/ttyACM0
        baud: 57600
        timeout: 0.5
        rate: 30
        sensorstate_rate: 10
        use_base_controller: True        #为 True 时表示启动对移动底盘的控制
        base_controller_rate: 12         #移动底盘控制器频率
        base_controller_timeout: 0.7

        base_frame: base_footprint       #移动底盘的参考坐标，计算 odm 需要
        wheel_diameter: 0.059            #车轮的直径
        wheel_track: 0.172              #车轮到移动底盘的距离
        encoder_resolution: 16          #ASLONG JGB37-545B 12V DC motors 编码器
                                        #精度
        gear_reduction: 90              #电机减速比
```

在 my_arduino_params.yaml 文件中我们完成了对移动机器人的基本配置。

6.5.4　arduino_node.py

打开 arduino_node.py 文件，其中的内容如下：

```
        ...
        class ArduinoROS():
            def __init__(self):
                rospy.init_node('mobilebase_arduino_node',
log_level=rospy.INFO)
                # Get the actual node name in case it is set in the launch file
                self.name = rospy.get_name()
                # Cleanup when termniating the node

                rospy.on_shutdown(self.shutdown)
                self.port = rospy.get_param("~port", "/dev/ttyACM0")
                self.baud = int(rospy.get_param("~baud", 57600))
                self.timeout = rospy.get_param("~timeout", 0.7)
                self.base_frame = rospy.get_param("~base_frame", 'base_ footprint')
                # Overall loop rate: should be faster than fastest sensor rate
```

```
                        self.rate = int(rospy.get_param("~rate", 30))
                        r = rospy.Rate(self.rate)
          ...
```

在该文件中启动的节点主要做以下几件事:

(1) 实例化 arduino_driver.py 文件中的 Arduino 对象,通过串口与下位机 Arduino 建立连接;

(2) 创建 "cmd_vel" 主题用于接收控制底盘移动的速度信息;

(3) 启动各种 service 用于对 I/O 进行操作,并创建对应的回调函数;

(4) 实例化 BaseController 对象,并不断判断是否接收到 cmd_vel 信息,需要控制机器人移动;

(5) 不断发送各传感器信息。

6.5.5　base_controller.py

base_controller.py 文件是上位机代码中最重要的一个文件,该文件涉及最核心的运动模型方程代码实现。

(1) 获取 3 个车轮的 PID 参数,具体的代码实现如下。

```
      pid_params = dict()
            pid_params['wheel_diameter'] = rospy.get_param("~wheel_diameter",
0.059)

      pid_params['wheel_track'] = rospy.get_param("~wheel_track", 0.17)
            pid_params['encoder_resolution'] = rospy.get_param("~encoder_
resolution", 16)
            pid_params['gear_reduction'] = rospy.get_param("~gear_reduction",
90.0)

            'AWheel_Ki'] = rospy.get_param("~AWheel_Ki", 0)
            pid_params['AWheel_Ko'] = rospy.get_param("~AWheel_Ko", 50)

            pid_params['BWheel_Kp'] = rospy.get_param("~BWheel_Kp", 11)
            pid_params['BWheel_Kd'] = rospy.get_param("~BWheel_Kd", 15)
            pid_params['BWheel_Ki'] = rospy.get_param("~BWheel_Ki", 0)
            pid_params['BWheel_Ko'] = rospy.get_param("~BWheel_Ko", 50)
            pid_params['CWheel_Kp'] = rospy.get_param("~CWheel_Kp", 11)
            pid_params['CWheel_Kd'] = rospy.get_param("~CWheel_Kd", 16)
            pid_params['CWheel_Ki'] = rospy.get_param("~CWheel_Ki", 0)
            pid_params['CWheel_Ko'] = rospy.get_param("~CWheel_Ko", 50)
```

　　这部分代码定义了移动底盘车轮的大小、圆心、距减速比、编码器，以及 3 个车轮的 PID 参数。

　　（2）定义代表车轮的变量，具体的代码实现如下：

```
# Internal data
self.enc_A = None              # encoder readings
self.enc_B = None
self.enc_C = None

self.x  = 0                    # position in xy plane
self.y  = 0
self.th = 0                    # rotation in radians

self.v_A = 0
self.v_B = 0
self.v_C = 0
self.v_des_AWheel = 0          # cmd_vel setpoint
self.v_des_BWheel = 0
self.v_des_CWheel = 0
```

　　这部分代码添加了 3 个变量来代表 3 个车轮，包括读取各编码器的数值，当前底盘计算得到的位置，各车轮线速度，以及每个车轮在每个 PID 校准间隔内需要转动的脉冲数。

　　（3）更新 PID 参数，具体的代码实现如下：

```
self.AWheel_Kp = pid_params['AWheel_Kp']
self.AWheel_Kd = pid_params['AWheel_Kd']
self.AWheel_Ki = pid_params['AWheel_Ki']
self.AWheel_Ko = pid_params['AWheel_Ko']

self.BWheel_Kp = pid_params['BWheel_Kp']
self.BWheel_Kd = pid_params['BWheel_Kd']
self.BWheel_Ki = pid_params['BWheel_Ki']
self.BWheel_Ko = pid_params['BWheel_Ko']

self.CWheel_Kp = pid_params['CWheel_Kp']
self.CWheel_Kd = pid_params['CWheel_Kd']
self.CWheel_Ki = pid_params['CWheel_Ki']
self.CWheel_Ko = pid_params['CWheel_Ko']
```

```
            self.arduino.update_pid(self.AWheel_Kp,  self.AWheel_Kd,  self.
AWheel_Ki, self.AWheel_Ko,
                              self.BWheel_Kp,  self.BWheel_Kd,  self. BWheel_
Ki, self.BWheel_Ko,
                              self.CWheel_Kp,  self.CWheel_Kd,  self. CWheel_
Ki, self.CWheel_Ko,)
```

根据读取的各车轮的 PID 参数（发送至下位机 Arduino）更新 PID 参数，虽然在 Arduino 代码中已经有了默认的 PID 参数，但如果需要调试 PID 参数进行更新，则需要每次重新烧写 Arduino 代码，非常不方便。这里我们通过在下位机 Arduino 中增加更新 PID 参数的接口，这样我们就可以在上位机中来更新下位机的 PID 参数了，省去我们修改 PID 参数需要烧写 Arduino 代码的烦恼。

计算 odm 信息，具体的代码实现如下：

```
        if now > self.t_next:
            # Read the encoders
            try:
        #获取3个编码器的反馈值
                aWheel_enc, bWheel_enc, cWheel_enc = self.arduino. get_
encoder_counts()
            except:
                self.bad_encoder_count += 1
                rospy.logerr("Encoder  exception  count: " + str(self. bad_
encoder_count))
                return
        #rospy.loginfo("Encoder  A:"+str(aWheel_enc)+",B:"+str  (bWheel_enc)+",
C:" + str(cWheel_enc))

            dt = now - self.then
            self.then = now
            dt = dt.to_sec()

            # Calculate odometry
        if self.enc_A == None and self.enc_B == None and self. enc_C ==
None:
                d_A = 0
                d_B = 0
                d_C = 0
```

```
            else:
                d_A = (aWheel_enc - self.enc_A) / self.ticks_per_ meter
                d_B = (bWheel_enc - self.enc_B) / self.ticks_per_ meter
                d_C = (cWheel_enc - self.enc_C) / self.ticks_per_ meter

            self.enc_A = aWheel_enc
            self.enc_B = bWheel_enc
            self.enc_C = cWheel_enc

            va = d_A/dt;
            vb = d_B/dt;
            vc = d_C/dt;
        #根据逆运动学方程组得到底盘运动的线速度和角速度
            vx = sqrt(3)*(va - vb)/3.0
            vy = (va + vb - 2*vc)/3.0
            vth = (va + vb + vc)/(3*self.wheel_track)
        #获取 odm 信息
          delta_x = (vx*cos(self.th) - vy*sin(self.th))*dt
            delta_y = (vx*sin(self.th) + vy*cos(self.th))*dt
            delta_th = vth*dt;

            self.x += delta_x
            self.y += delta_y
            self.th += delta_th
```

根据 3 个编码器反馈的信息来计算得到车轮当前的速度，再由 3 个车轮的速度根据逆运动学方程组计算得到底盘当前的线速度和角速度，最后由底盘的线速度和角速度与时间的乘积计算得到 odom 信息。

（4）计算得到车轮的速度。

在发送给 Arduino 驱动之前首先判断当前车轮的速度是否达到目的速度。如果没有根据车轮的加速度大小来合理增加车轮的速度，如果增加后速度超过目的速度，则按目的速度来运动，具体的实现代码如下：

```
if self.v_A < self.v_des_AWheel:
        self.v_A += self.max_accel
        if self.v_A > self.v_des_AWheel:
            self.v_A = self.v_des_Awheel
```

```
        else:
            self.v_A -= self.max_accel
            if self.v_A < self.v_des_AWheel:
                self.v_A = self.v_des_AWheel

        if self.v_B < self.v_des_BWheel:
            self.v_B += self.max_accel
            if self.v_B > self.v_des_BWheel:
                self.v_B = self.v_des_BWheel
        else:
            self.v_B -= self.max_accel
            if self.v_B < self.v_des_BWheel:
                self.v_B = self.v_des_BWheel

        if self.v_C < self.v_des_CWheel:
            self.v_C += self.max_accel
            if self.v_C > self.v_des_CWheel:
                self.v_C = self.v_des_CWheel
        else:
            self.v_C -= self.max_accel
            if self.v_C < self.v_des_CWheel:
                self.v_C = self.v_des_CWheel

        # Set motor speeds in encoder ticks per PID loop
        if not self.stopped:
            self.arduino.drive(self.v_A, self.v_B, self.v_C)
            if self.debugPID:
```

（5）cmd_vel 主题的回调函数，即 cmdVelCallback()函数。

首先读取出主题中要求的底盘整体的移动线速度和角速度，然后根据正运动学方程组计算得到 3 个车轮的线速度，最后将线速度在一个 PID 更新周期内计算需要转动的编码器脉冲数作为最终的目的速度，将该速度发送给 Arduino 使其驱动底盘对应的电机转动，根据电机对应的编码器反馈来得知电机是否转动到了指定的转速，具体的代码实现如下：

```
def cmdVelCallback(self, req):
    # Handle velocity-based movement requests
```

```
            self.last_cmd_vel = rospy.Time.now()
            self.stopped = False

            x  = req.linear.x          # m/s
            y  = req.linear.y          # m/s
            th = req.angular.z         # rad/s

            tmpX = sqrt(3)/2.0
            tmpY = 0.5                 # 1/2
            vA = ( tmpX*x + tmpY*y + self.wheel_track*th)
            vB = (-tmpX*x + tmpY*y + self.wheel_track*th)
            vC = (            -y + self.wheel_track*th)

            self.v_des_AWheel  =  int(vA  *  self.ticks_per_meter  /  self.
arduino.PID_RATE)
            self.v_des_BWheel  =  int(vB  *  self.ticks_per_meter  /  self.
arduino.PID_RATE)
            self.v_des_CWheel  =  int(vC  *  self.ticks_per_meter  /  self.
arduino.PID_RATE)
```

监听 cmd_vel 主题中的速度信息，然后根据方程组计算得到 3 个车轮的线速度。

## 第 7 章

机器人传感器配置与使用

7.1 惯性测量单元校准和调试

7.1.1 惯性测量单元相关介绍

机器人搭载的惯性测量单元（Inertial Measurement Unit，IMU）的内部集成了 3 轴陀螺仪、3 轴加速度计和 3 轴磁力计，其输出 16 位的数字量，最高传输速率可达 400kHz/s。陀螺仪的角速度测量范围最高达±2000（°/s），具有良好的动态响应特性。加速度计的测量范围最大为±16g，静态测量精度高。磁力计采用高精度霍尔传感器对数据进行采集，磁感应强度测量范围为±4800μT，可用于对偏航角的辅助测量。

7.1.2 IMU 功能包简介

art_imu_01：IMU 串口读取、IMU 原始信息发布包。

    └→art_imu.cpp：IMU 原始信息发布（art_msgs）程序。

    └→serial_to_imu.cpp：IMU 串口读取程序。

    └→demo.launch：IMU 启动文件。

    └→imu_rviz.launch：IMU 启动+RViz 演示文件。

imu_calib：IMU 数据校准、校准信息发布包。

└→do_calib.cpp：IMU 初始标定程序。

└→apply_calib.cpp：IMU 运行自动校准、校准信息发布（sensor_msgs）程序。

art_msgs：msg 文件包。

serial：串口功能包。

imu_tools：IMU 调用库。

7.1.3 在 ROS 环境下复制并编译 IMU 源码

确保已创建好 Catkin Workspace 并完成初始化后，将 7.1.2 节所述的 IMU 功能包移动到～/catkin_ws/src 目录下，进一步执行以下命令：

```
cd ~/catkin_ws
catkin_make
```

编译完毕后键入以下命令：

```
echo "source ~/catkin_ws/devel/setup.bash" >> ~/.bashrc
source ~/.bashrc
```

完成驱动的安装。

7.1.4 IMU 初始标定

由于 IMU 制造工艺问题会导致存在轴间误差，所以需要在使用 IMU 前对其进行标定：

```
roslaunch art_imu_01 demo.launch
rosrun imu_calib do_calib
```

注意：当使用环境、IMU 未出现较大变动时仅需要标定一次。

标定时请严格遵循终端提示，如图 7-1 所示，将 IMU 以水平面为基准，按照前->后->右->左->上->下顺序翻转，每翻转一次按下 Enter 键确认。按下 Enter 键确认后直到下一次提示时，请保持 IMU 处于稳定、无晃动状态，否则校准结果可能出现误差。

校准完成后，在/home 目录下生成 imu_calib.yaml 校准文件。在终端执行以下命令将文件复制到 imu 目录下：

```
cp ~/imu_calib.yaml ~/catkin_ws/src/imu_calib/param/imu
```

7.1.5 启动 IMU 测试

在终端下启动 RViz 演示 launch 文件：

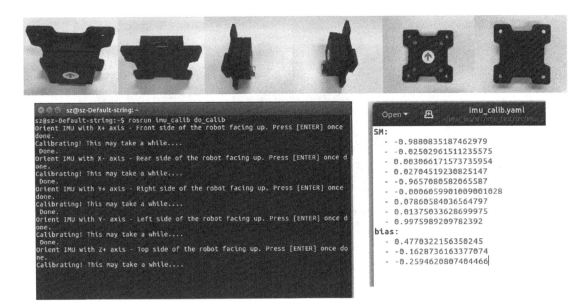

图 7-1　IMU 初始标定示例

```
roslaunch art_imu_01 imu_rviz.launch
```

IMU 标定前后主题发布的数据对比如下：

```
rostopic echo /imu_raw
rostopic echo /imu_data
```

其中，/imu_raw 为未修正的原始数据；/imu_data 为修正后的数据。

RViz 演示效果如图 7-2 所示。

7.1.6　单独运行 IMU

在终端下启动 IMU launch 文件，输出主题/imu_data 发布的 sensor_msgs/imu 格式的数据：

```
roslaunch art_imu_01 demo.launch
```

注意：IMU 在程序运行前会进行自动校准，校准陀螺仪等非确定性误差。校准时在终端会打印出相关提示，未校准完成时请勿晃动 IMU。

IMU launch 文件运行示例如图 7-3 所示。

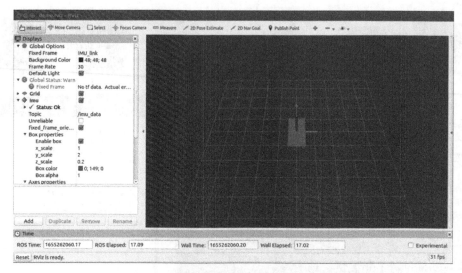

图 7-2　RViz 演示效果

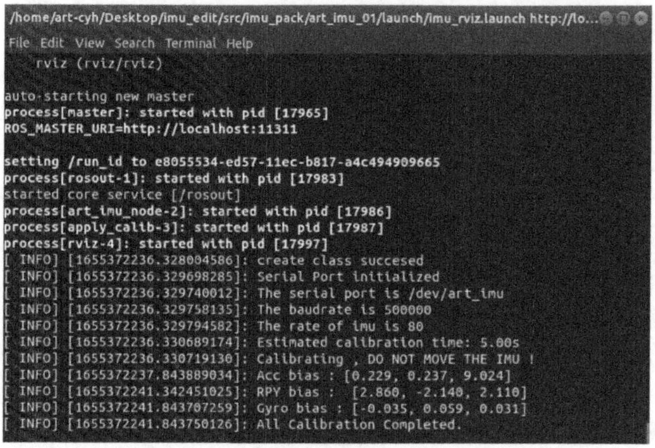

图 7-3　IMU launch 文件运行示例

7.2　雷达调试

7.2.1　雷达选型

LS 系列是镭神智能三角法原理的激光雷达产品，根据不同型号，其测量距离的半径量程在 8～25m 范围内，广泛适用于室内 SLAM 场景应用。

　　LS01G 激光雷达是针对高校的一款产品，它是一款二维扫描测距产品，该激光雷达可以在探测范围内进行 360°二维平面扫描，产生空间的平面点云地图信息，是用于地图构建、机器人自主避障导航定位等应用的一种智能装备。

　　LS01G 激光雷达的采样频率可调，默认 10Hz/s 每秒采样 3600 点，角度分辨率为 1°。扫描频率可设置为最高 11Hz，每秒采样 4000 点。

　　产品特点：

　　（1）采用三角测量原理、高速线阵 CMOS 图像传感器和 FPGA 高速运算处理单元，成本较低；

　　（2）最大可承受的环境光强为 20000lx；

　　（3）体积小，功耗低，寿命长，使用安全。

　　接下来介绍如何使用这款雷达。

7.2.2　下载编译 ROS 下驱动源码

　　打开终端，在终端键入以下命令初始化 Catkin Workspace（默认创建功能包为 ls01g_t）：

```
$ cd ~
$ mkdir -p ~/catkin_ws/src
```

　　之后将源代码包中雷达部分的代码移动到~/catkin_ws/src 目录下，进一步执行以下命令：

```
$ cd ~/catkin_ws
$ catkin_make
```

　　编译完毕后键入以下命令：

```
$ echo "source ~/catkin_ws/devel/setup.bash" >> ~/.bashrc
$ source ~/.bashrc
```

　　完成驱动安装。

　　此时查看一下雷达包中的内容，操作如下：

```
ubuntu@ubuntu:~/ls01g_t/src/ls01g$ tree -l
```

　　雷达包目录树状结构如图 7-4 所示。

　　其中：launch 中为各个 launch 启动文件；rviz 中保存的是 RViz 界面显示文件；scripts 中为创建 udev 规则的脚本文件；src 中为 ROS 封装的源码文件，用来创建雷达节点。

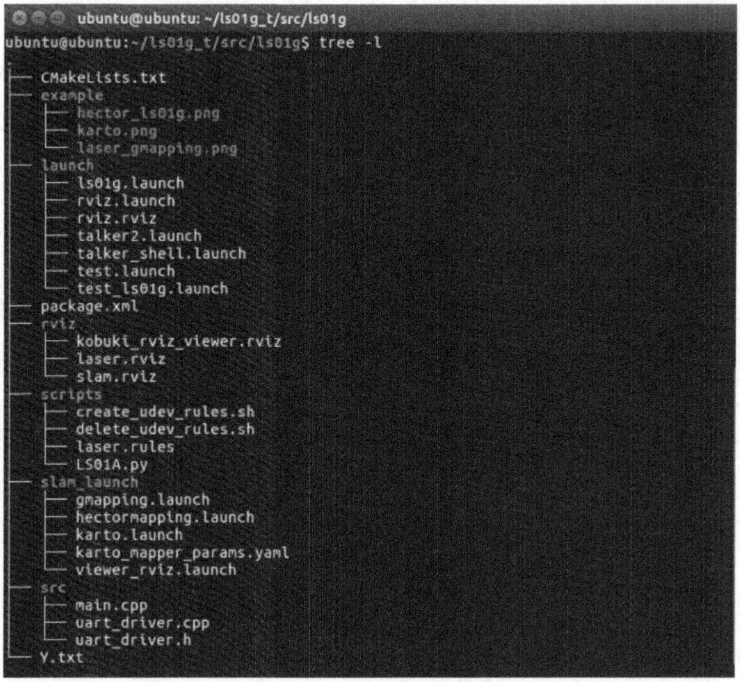

```
ubuntu@ubuntu: ~/ls01g_t/src/ls01g
ubuntu@ubuntu:~/ls01g_t/src/ls01g$ tree -l
├── CMakeLists.txt
├── example
│   ├── hector_ls01g.png
│   ├── karto.png
│   └── laser_gmapping.png
├── launch
│   ├── ls01g.launch
│   ├── rviz.launch
│   ├── rviz.rviz
│   ├── talker2.launch
│   ├── talker_shell.launch
│   ├── test.launch
│   └── test_ls01g.launch
├── package.xml
├── rviz
│   ├── kobuki_rviz_viewer.rviz
│   ├── laser.rviz
│   └── slam.rviz
├── scripts
│   ├── create_udev_rules.sh
│   ├── delete_udev_rules.sh
│   ├── laser.rules
│   └── LS01A.py
├── slam_launch
│   ├── gmapping.launch
│   ├── hectormapping.launch
│   ├── karto.launch
│   ├── karto_mapper_params.yaml
│   └── viewer_rviz.launch
├── src
│   ├── main.cpp
│   ├── uart_driver.cpp
│   └── uart_driver.h
└── Y.txt
```

图 7-4　雷达包目录树状结构

7.2.3　生成挂载点

配置 udev 规则，每次开机时 USB 设备的加载顺序是随机的，这样就导致挂载点也随机，为了保证启动雷达的代码统一，需要为该设备配置一个别名，之后就不用来看雷达挂载点是 ttyUSB0 还是 ttyUSB1，该 udev 配置规则脚本文件放在 scripts 文件夹中，名字是 create_udev_rules.sh，该脚本文件中的内容如下：

```
#!/bin/bash

echo "remap the device serial port(ttyUSBX) to  laser"
echo "ls01g usb cp210x connection as /dev/laser , check it using the
command : ls -l /dev|grep ttyUSB"
echo "start copy laser.rules to  /etc/udev/rules.d/"
echo "'rospack find ls01g'/scripts/laser.rules"
sudo cp 'rospack find ls01g'/scripts/laser.rules  /etc/udev/ rules.d
```

```
echo " "
echo "Restarting udev"
echo ""
sudo service udev reload
sudo service udev restart
echo "finish"
```

其中，laser.rules 中的内容如下：

```
# set the udev rule , make the device_port be fixed by ls-lidar
KERNEL=="ttyUSB*",     ATTRS{idVendor}=="10c4",     ATTRS{idProduct}==
"ea60", MODE:="0777", SYMLINK+="laser"
```

执行以下命令：

```
ubuntu@ubuntu:~/ls01g_t/src/ls01g/scripts$ sudo ./create_udev_rules.sh
```

脚本执行结果示例如图 7-5 所示。

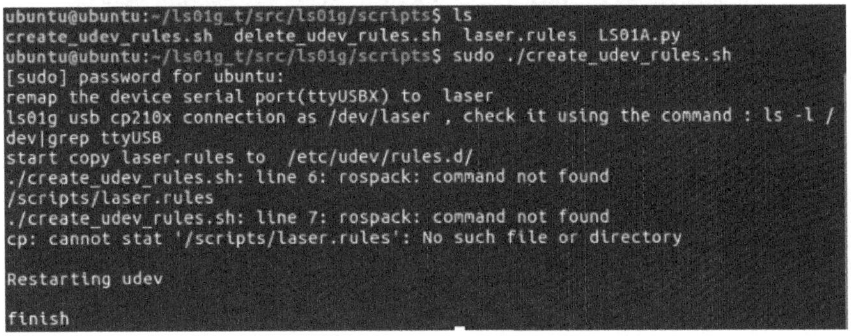

图 7-5　脚本执行结果示例

此时完成设备点挂载，如图 7-6 所示。

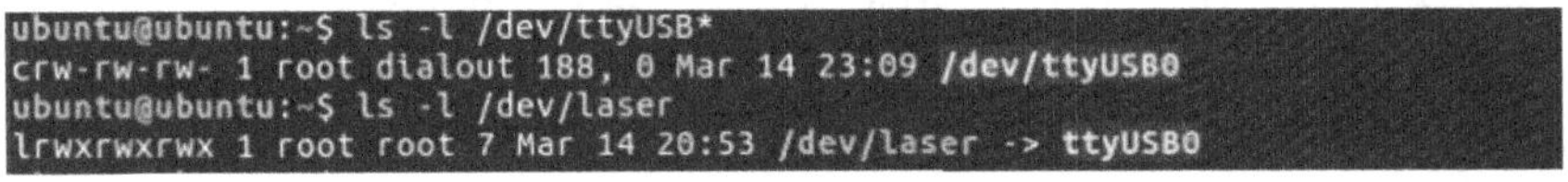

图 7-6　设备点挂载完成示例图

如果没有显示，则需要插拔一下。

7.2.4　启动雷达测试

启动雷达需要两个 launch 文件来完成： ls01g.launch 直接启动雷达进行扫描测距；rviz.launch 用来启动 RViz 使雷达数据可视化显示。操作如下。

（1）直接启动雷达，启动命令如下：

```
ubuntu@ubuntu:~$ roslaunch ls01g ls01g.launch
```

此时雷达启动，开始顺时针转动，如图 7-7 所示。

图 7-7　启动雷达示例图

（2）使用 rviz.launch 文件启动 RViz，对雷达数据进行可视化显示：

```
ubuntu@ubuntu:~$ roslaunch ls01g rviz.launch
```

此时移动雷达，即可看到雷达扫描信息的变化，如图 7-8 所示。

7.2.5　读取雷达数据

在终端输入以下命令，可以打印 ROS 中激光雷达数据的消息格式：

```
ubuntu@ubuntu:~$ rosmsg show sensor_msgs/LaserScan
```

结果如下所示：

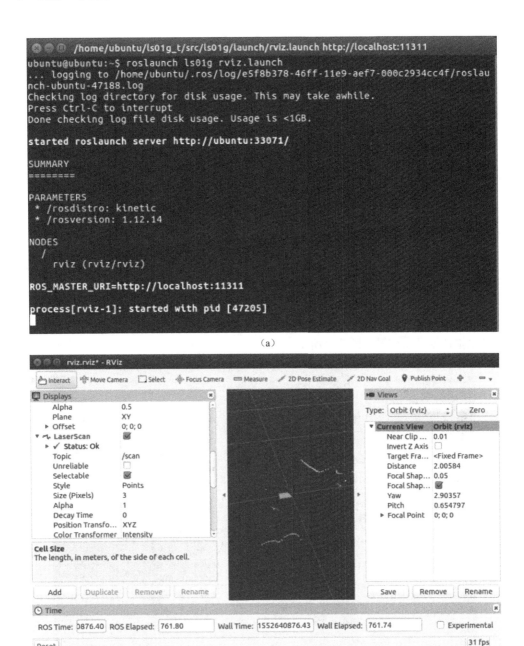

（a）

（b）

图 7-8　RViz 启动示例图

```
    std_msgs/Header header          //数据的消息头
      uint32 seq                    //数据的序号
      time stamp                    //数据的时间戳
      string frame_id               //数据的坐标系
    float32 angle_min               //雷达数据的起始角度（最小角度）
    float32 angle_max               //雷达数据的终止角度（最大角度）
    float32 angle_increment         //雷达数据的角度分辨率（角度增量）
    float32 time_increment          //雷达数据每个数据点的时间间隔
    float32 scan_time               //当前帧数据与下一帧数据的时间间隔
    float32 range_min               //雷达数据的最小值
    float32 range_max               //雷达数据的最大值
    float32[] ranges                //雷达数据每个点对应的在极坐标系下的距离值
    float32[] intensities           //雷达数据每个点对应的强度值
```

若想查看雷达的原始数据，新建终端，在其中输入以下命令：

```
ubuntu@ubuntu:~$ rostopic echo /scan
```

雷达原始数据查看结果如图 7-9 所示。

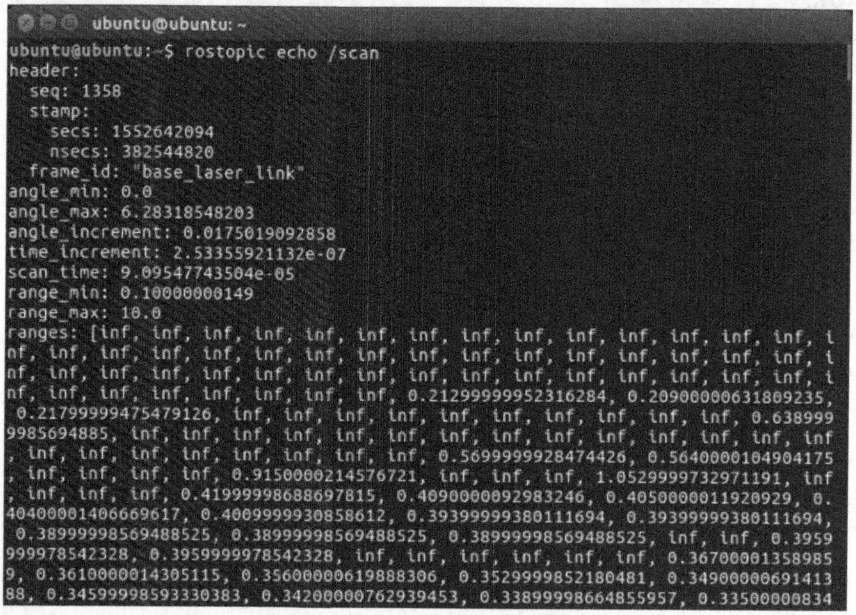

图 7-9　雷达原始数据查看结果

读取雷达频率：

```
ubuntu@ubuntu:~$ rostopic hz /scan
```

雷达频率读取示例图如图 7-10 所示。

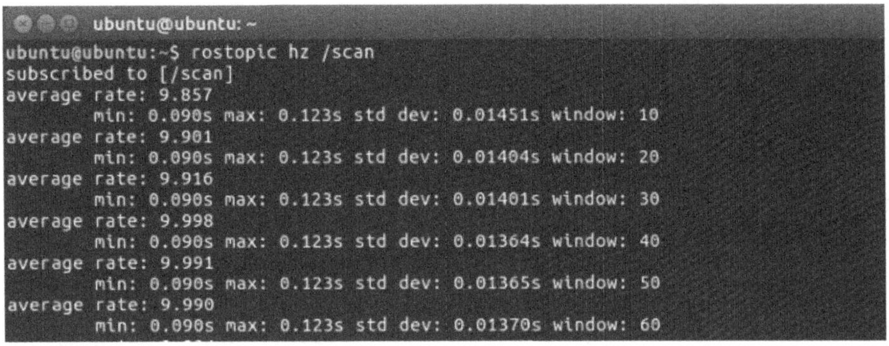

图 7-10　雷达频率读取示例图

7.3　udev 串口配置

7.3.1　udev 简介

udev 是 Linux 内核的设备管理器，它取代了 devfs 和 hotplug，负责管理/dev 中的设备节点。同时，udev 也处理所有用户空间发生的硬件添加、删除事件，以及某些特定设备所需的固件加载事件。与传统的顺序加载相比，udev 并行加载内核模块，具有潜在的性能优势。位并步加载模块的方式有一个缺点：无法保证每次加载模块的顺序，如果机器具有多个模块，那么它们的设备节点可能随机变化。

7.3.2　udev 规则

在/etc/udev/rules.d/文件夹下有一系列的.rules 文件，这些文件中有一些匹配规则。

1．udev 的操作符

==：比较键、值，若等于，则该条件满足。

!=：比较键、值，若不等于，则该条件满足。

=：对一个键赋值。

+=：为一个表示多个条目的键赋值。

:=：对一个键赋值，并拒绝之后所有对该键的改动，目的是防止后面的规则文件对该键赋值。

2. udev 规则的匹配键

ACTION：事件的行为，如 add（添加设备）、remove（删除设备）。

KERNEL：内核设备名称，如 sda、cdrom。

DEVPATH：设备的 devpath 路径。

SUBSYSTEM：设备的子系统名称，如 sda 的子系统为 block。

BUS：设备的总线名称，如 usb。

DRIVER：设备的设备驱动名称，如 ide-cdrom。

ID：设备的识别号。

SYSFS{filename}：设备的属性文件 "filename" 里的内容。例如，SYSFS{model}==
"ST936701SS" 表示如果设备的型号为 ST936701SS，则该设备匹配该匹配键。在一条规则中，可以设定最多 5 条 SYSFS 的匹配键。

ENV{key}：环境变量。在一条规则中，最多可以设定 5 条环境变量的匹配键。

PROGRAM：调用外部命令。

RESULT：外部命令 PROGRAM 的返回结果。

3. udev 的重要赋值键

NAME：在 /dev 下产生的设备文件名。对某个设备的 NAME 赋值的行为，只有在第一次时生效，之后匹配的规则再对该设备的 NAME 赋值的行为将被忽略。如果没有任何规则对设备的 NAME 赋值，udev 将使用内核设备名称来产生设备文件。

SYMLINK：为 /dev/ 下的设备文件产生符号链接。由于 udev 只能为某个设备产生一个设备文件，所以为了不覆盖系统默认的 udev 规则所产生的文件，推荐使用符号链接。

OWNER、GROUP、MODE：为设备设定权限。

ENV{key}：导入一个环境变量。

4. udev 的值和可调用的替换操作符

Linux 用户可以随意定制 udev 规则文件的值。例如，my_root_disk、my_printer。同时也可以引用下面的替换操作符。

$kernel，%k：设备的内核设备名称，如 sda、cdrom。

$number，%n：设备的内核号码，如 sda3 的内核号码是 3。

$devpath，%p：设备的 devpath 路径。

$id，%b：设备的 ID 号。

$sysfs{file}，%s{file}：设备的 sysfs 里 file 的内容，其实就是设备的属性值。

$env{key}，%E{key}：一个环境变量的值。

$major，%M：设备的 major 号。

$minor %m：设备的 minor 号。

$result，%c： PROGRAM 返回的结果。

$parent，%P： 父设备的设备文件名。

$root，%r： udev_root 的值，默认是 /dev/。

$tempnode，%N：临时设备名。

%%：符号%本身。

$$：符号 $ 本身。

7.3.3　udev 内容

一个智能机器人通常会配置多个传感器设备，如激光雷达、IMU、机器人控制驱动板等，通常这些设备都是用串口进行通信的，所以在使用的时候会用到 udev 规则针对外接设备进行设计。

通常使用 udevadm 命令查看设备的信息，用于匹配规则，具体命令如下：

```
$ sudo udevadm info -a --name=ttyUSB0
```

输出如下：

```
Udevadm info starts with the device specified by the devpath and then

walks up the chain of parent devices. It prints for every device
found, all possible attributes in the udev rules key format.
A rule to match, can be composed by the attributes of the device
and the attributes from one single parent device.

  looking at device '/devices/pci0000:00/0000:00:14.0/usb1/1-6/1-6:1.0/
ttyUSB0/tty/ttyUSB0':
      KERNEL=="ttyUSB0"
      SUBSYSTEM=="tty"
      DRIVER==""
```

```
        looking at parent device '/devices/pci0000:00/0000:00:14.0/usb1/
1-6/1-6:1.0/ttyUSB0':
        KERNELS=="ttyUSB0"
        SUBSYSTEMS=="usb-serial"
        DRIVERS=="ch341-uart"
        ATTRS{port_number}=="0"

        looking at parent device '/devices/pci0000:00/0000:00:14.0/usb1/
1-6/1-6:1.0':
        KERNELS=="1-6:1.0"
        SUBSYSTEMS=="usb"
        DRIVERS=="ch341"
        ATTRS{authorized}=="1"
        ATTRS{bAlternateSetting}=="0"
        ATTRS{bInterfaceClass}=="ff"
        ATTRS{bInterfaceNumber}=="00"
        ATTRS{bInterfaceProtocol}=="02"
        ATTRS{bInterfaceSubClass}=="01"
        ATTRS{bNumEndpoints}=="03"
        ATTRS{supports_autosuspend}=="1"

        looking at parent device '/devices/pci0000:00/0000:00:14.0/usb1/
1-6':
        KERNELS=="1-6"
        SUBSYSTEMS=="usb"
        DRIVERS=="usb"
        ATTRS{authorized}=="1"
        ATTRS{avoid_reset_quirk}=="0"
        ATTRS{bConfigurationValue}=="1"
        ATTRS{bDeviceClass}=="ff"
        ATTRS{bDeviceProtocol}=="00"
        ATTRS{bDeviceSubClass}=="00"
        ATTRS{bMaxPacketSize0}=="8"
        ATTRS{bMaxPower}=="98mA"
        ATTRS{bNumConfigurations}=="1"
        ATTRS{bNumInterfaces}=="1"
        ATTRS{bcdDevice}=="0264"
        ATTRS{bmAttributes}=="80"
        ATTRS{busnum}=="1"
```

```
    ATTRS{configuration}==""
    ATTRS{devnum}=="7"
    ATTRS{devpath}=="6"
    ATTRS{idProduct}=="7523"
    ATTRS{idVendor}=="1a86"
    ATTRS{ltm_capable}=="no"
    ATTRS{maxchild}=="0"
    ATTRS{product}=="USB Serial"
    ATTRS{quirks}=="0x0"
    ATTRS{removable}=="removable"
    ATTRS{speed}=="12"
    ATTRS{urbnum}=="13"
    ATTRS{version}=="1.10"

looking at parent device '/devices/pci0000:00/0000:00:14.0/ usb1':
    KERNELS=="usb1"
    SUBSYSTEMS=="usb"
    DRIVERS=="usb"
    ATTRS{authorized}=="1"
    ATTRS{authorized_default}=="1"
    ATTRS{avoid_reset_quirk}=="0"
    ATTRS{bConfigurationValue}=="1"
    ATTRS{bDeviceClass}=="09"
    ATTRS{bDeviceProtocol}=="01"
    ATTRS{bDeviceSubClass}=="00"
    ATTRS{bMaxPacketSize0}=="64"
    ATTRS{bMaxPower}=="0mA"
    ATTRS{bNumConfigurations}=="1"
    ATTRS{bNumInterfaces}=="1"
    ATTRS{bcdDevice}=="0415"
    ATTRS{bmAttributes}=="e0"
    ATTRS{busnum}=="1"
    ATTRS{configuration}==""
    ATTRS{devnum}=="1"
    ATTRS{devpath}=="0"
    ATTRS{idProduct}=="0002"
    ATTRS{idVendor}=="1d6b"
    ATTRS{interface_authorized_default}=="1"
    ATTRS{ltm_capable}=="no"
```

```
         ATTRS{manufacturer}=="Linux 4.15.0-33-generic xhci-hcd"
         ATTRS{maxchild}=="12"
         ATTRS{product}=="xHCI Host Controller"
         ATTRS{quirks}=="0x0"
         ATTRS{removable}=="unknown"
         ATTRS{serial}=="0000:00:14.0"
         ATTRS{speed}=="480"
         ATTRS{urbnum}=="76"
         ATTRS{version}=="2.00"

  looking at parent device '/devices/pci0000:00/0000:00:14.0':
    KERNELS=="0000:00:14.0"
    SUBSYSTEMS=="pci"
    DRIVERS=="xhci_hcd"
    ATTRS{broken_parity_status}=="0"
    ATTRS{class}=="0x0c0330"
    ATTRS{consistent_dma_mask_bits}=="64"
    ATTRS{d3cold_allowed}=="1"
    ATTRS{dbc}=="disabled"
    ATTRS{device}=="0x9d2f"
    ATTRS{dma_mask_bits}=="64"
    ATTRS{driver_override}=="(null)"
    ATTRS{enable}=="1"
    ATTRS{irq}=="124"
    ATTRS{local_cpulist}=="0-3"
    ATTRS{local_cpus}=="f"
    ATTRS{msi_bus}=="1"
    ATTRS{numa_node}=="-1"
    ATTRS{revision}=="0x21"
    ATTRS{subsystem_device}=="0x7270"
    ATTRS{subsystem_vendor}=="0x8086"
    ATTRS{vendor}=="0x8086"

  looking at parent device '/devices/pci0000:00':
    KERNELS=="pci0000:00"
    SUBSYSTEMS==""
    DRIVERS==""
```

通常我们会依据以上信息编写外接设备的规则，.rules 文件放在/etc/udev/rules.d 文件夹中，下面是机器人常见的外接设备的 3 个.rules 文件。

机器人控制驱动板模块的 car.rules 文件：

```
        # set the udev rule , make the device_port be fixed by arduino
        KERNEL=="ttyUSB*",        ATTRS{idVendor}=="1a86",        ATTRS{idProduct}==
"7523", MODE:="666", SYMLINK+="car"
```

雷达模块的 laser.rules 文件：

```
        # set the udev rule , make the device_port be fixed by ls-lidar
        KERNEL=="ttyUSB*",        ATTRS{idVendor}=="0403",        ATTRS{idProduct}==
"6001", MODE:="0666", SYMLINK+="laser"
```

IMU 模块的 imu.rules 文件：

```
        # set the udev rule , make the device_port be fixed by GTX_imu
        KERNEL=="ttyUSB*",        ATTRS{idVendor}=="10c4",        ATTRS{idProduct}==
"ea60", ATTRS{serial}=="0001", MODE:="666", SYMLINK+="imu"
```

3 个模块分别使用该 udev 规则文件创建了对应的映射关系，这样当我们插拔设备调试时就不会存在冲突的情况了。

7.3.4　udev 生效

当我们写好相应的 udev 规则文件后，想让其生效，需要将文件放置到/etc/udev/rules.d 文件夹中。将其复制到指定位置后，使其生效，这时候最简单的方法就是创建一个脚本文件——art_init.sh：

```
        #!/bin/bash
        sudo cp ./car.rules /etc/udev/rules.d
        sudo cp ./laser.rules /etc/udev/rules.d
        sudo cp ./imu.rules /etc/udev/rules.d
        exit 0
```

添加机器人的 USB 设备，使用如下命令：

```
        sudo bash art_init.sh
```

重启计算机，此时 udev 规则文件就会生效，完成串口的配置。之后我们就可以同时插拔 IMU、激光雷达、机器人控制驱动板等外接设备进行调试了。

7.4 ROS 中 TF 变换

前面章节介绍了机器人的组成，我们知道机器人由不同部件构成，可能有人会产生这样的疑问：不同部件之间的位置关系是如何定义的？机器人在运动过程中的位置和姿态信息又是如何表示的呢？回答这些问题，我们不得不引入新的概念——坐标系和坐标变换。

TF，即 TransForm，中文翻译为变换。我们知道，一个机器人系统往往存在运动学模型与动力学模型。对于刚体机器人，动力学模型往往基于刚体动力学，代表着一个机器人系统在运动过程中力/力矩与其运动状态的变化关系。运动学模型往往由一系列固连在不同位置的坐标系来表示，仅代表机器人的运动状态。以多自由度机械臂为例，其运动学模型为末端位置到各个关节角的坐标变换关系。对于机器人而言，主要的运动学关系是机体固连坐标系与世界坐标系之间的变换。而 ROS 当中的 TF 树，正是对应于机器人不同位置固连坐标系之间的变换关系，以显示机器人的运动状态。

在 ROS 中，机器人的每一个部件统称为 link（如手、头、关节、传感器等），每一个 link 都对应有一个 frame（坐标系），而 frame 之间的空间位置关系是由坐标变换描述的，坐标变换是决定机器人能否实现导航功能的重要一环。

图 7-11 中，点 P 在坐标系 O_B-X_B-Y_B-Z_B 下的坐标为 P_B，在坐标系 O_A-X_A-Y_A-Z_A 下的坐标为 P_A，P_A 与 P_B 的关系为

$$P_A = RP_B + t \tag{7-1}$$

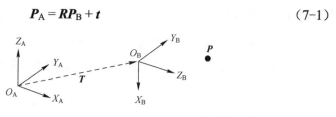

图 7-11　坐标变换

式（7-1）中，R、t 分别为两坐标系之间的旋转矩阵和平移向量，为了方便运算，我们引入齐次坐标和变换矩阵，将式（8-1）改写为

$$\begin{bmatrix} P_A \\ 1 \end{bmatrix} = \begin{bmatrix} R & t \\ 0^T & 1 \end{bmatrix} = \begin{bmatrix} P_B \\ 1 \end{bmatrix} = T \begin{bmatrix} P_B \\ 1 \end{bmatrix} \tag{7-2}$$

式（7-2）中，T 是由 R、t 组成的 4×4 阶矩阵，也是我们前面提到的变换矩阵。

坐标变换工作在 ROS 中由 TF 工具包完成。

7.4.1　TF 功能包

在 ROS 中，TF 功能包可以随着时间推移不断跟踪多个坐标系，它是一个树状结构，我们称之为 TF 变换树。TF 功能包维护坐标系之间的变换关系，用户可以在任意时间点、任意坐标系之间进行点和向量等坐标的转换。

TF 变换树定义了不同坐标系之间的偏移。例如，机器人有可移动的基座和位于基座上方的激光雷达，那么对于这台机器人，一个坐标系原点位于机器人的基座中心处，另一个坐标系原点位于激光雷达传感器的中心处。将位于基座上的坐标系定义为 base_link，将位于激光雷达上的坐标系定义为 base_laser。如图 7-12 所示，激光雷达到前方物体的距离为 0.3m，而机器人的中心是位于基座的中心处的，所以我们需要利用 TF 来实现两个坐标系之间的变换。

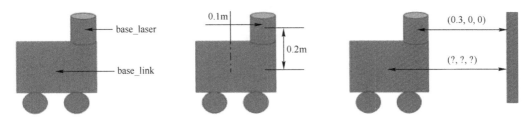

图 7-12　TF 坐标关系

由机器人基座与激光雷达的 TF 坐标关系可知激光雷达位于基座中心前方 0.1m 且上方 0.2m 的位置，因此可以获取到 base_link 坐标系之间和 base_laser 坐标系之间的变换关系，base_link 坐标系到 base_laser 坐标系必须平移（x:0.1m，y:0.0m，z:0.2m）。由于机器人在被控制时是以 base_link 坐标系为基准的，所以要根据两者的关系进行坐标转换。只需要将两者的位置关系告知 TF，由 TF 功能包完成其余工作即可。

为了在上述例子中使用 TF 功能包进行坐标变换，需要创建 2 个节点，分别对应 base_link 坐标系和 base_laser 坐标系，并确定哪一个是父节点、哪一个是子节点。需要注意的是，TF 假设的所有变换都是由父节点到子节点变换的。我们假设对应 base_link 坐标系的节点为父节点，因此 base_link 坐标系和 base_laser 坐标系之间的变换矩阵是（x:0.1m，y:0.0m，z:0.2m），如图 7-13 所示。通过变换，将激光雷达数据变换到 base_link 坐标系下，机器人就可以利用此信息实现避障了。

本书使用的服务机器人搭载了多个传感器，机器人本体与传感器之间的坐标变换关系是固定不变的。在导出机器人 URDF 模型时，这些变换关系已经被设定。使用 urdf_to_graphiz 命令查看服务机器人 URDF 模型的整体结构，如图 7-14 所示，从图 7-14 中可以看出机器人各坐标系之间的变换关系。

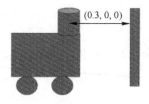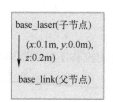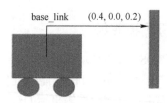

图 7-13　TF 坐标变换

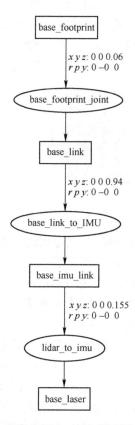

图 7-14　服务机器人 URDF 模型的整体结构

　　TF 通过主题通信机制持续发布不同坐标系之间的变换关系，因此用户使用 TF 功能需要完成两部分工作。

　　（1）监听 TF 变换：接收和缓存在系统中广播的所有坐标变换，并查询特定坐标系之间的变换关系。

（2）广播 TF 变换：将坐标系之间的变换关系发布到系统中。一个系统可以有许多 TF 广播器，每个 TF 广播器均可提供关于机器人不同部分的信息。

下面我们通过两个程序来学习一下 TF 广播和监听功能。

7.4.2　TF 广播与监听

1. TF 广播

TF 广播器原源码文件 turtle_tf/src/turtle_tf_broadcaster.cpp 中的主要内容如下：

```cpp
#include <ros/ros.h>
#include <tf/transform_broadcaster.h>
#include <turtlesim/Pose.h>
std::string turtle_name;

void poseCallback(const turtlesim::PoseConstPtr& msg)
{
    static tf::TransformBroadcaster br;

    tf::Transform transform;
    transform.setOrigin( tf::Vector3(msg->x, msg->y, 0.0) );
    tf::Quaternion q;
    q.setRPY(0, 0, msg->theta);

    transform.setRotation(q);
    br.sendTransform(tf::StampedTransform(transform, ros::Time:: now(),
"world", turtle_name));
}

int main(int argc, char** argv)
{
    ros::init(argc, argv, "my_tf_broadcaster");
    if (argc != 2)
{
        ROS_ERROR("need turtle name as argument");
        return -1;
    }
```

```
            turtle_name = argv[1];
            ros::NodeHandle node;

            ros::Subscriber sub = node.subscribe(turtle_name+"/pose", 10, &pose-
Callback);
            ros::spin();
            return 0;
        }
```

上面是 TF 变换广播器的所有代码，下面我们对代码进行解析。

包含 tf/transform_broadcaster.h 头文件，用以实现 TF 变换发布任务：

```
    #include <tf/transform_broadcaster.h>
```

创建一个名叫 "br" 的 TransformBroadcaster 对象，用来发布坐标变换信息：

```
    static tf::TransformBroadcaster br;
```

创建一个 TF 变换对象，并将小海龟在世界坐标系下的坐标变换进行封装：

```
    tf::Transform transform;
    transform.setOrigin( tf::Vector3(msg->x, msg->y, 0.0));
    tf::Quaternion q;
    q.setRPY(0, 0, msg->theta);
    transform.setRotation(q);
```

将小海龟在世界坐标系下的坐标变换发布出去，4 个参数分别为 TF 变换信息、用来标记 TF 变换信息的时间戳、TF 变换的父坐标系（本例为世界坐标系）、TF 变换的子坐标系（小海龟自身坐标系）：

```
    br.sendTransform(tf::StampedTransform(transform, ros::Time::now(), "world",
turtle_name));
```

将输入的参数值赋值给 turtle_name 作为小海龟的名字：

```
    turtle_name = argv[1];
```

订阅小海龟的位姿信息，作为参数传给回调函数：

```
    ros::Subscriber sub = node.subscribe(turtle_name+"/pose", 10, &pose-
Callback);
```

　　TF 广播程序的主要工作是发布小海龟在世界坐标系下的坐标变换，最关键部分是poseCallback()回调函数，其输入参数是 turtlesim/Pose 类型的小海龟 2D 位姿，经过 setOrigin、setRotation 平移和旋转变换处理转化为 tf::Transform 类型的 3D 位姿，最终通过sendTransform()函数将 tf::StampedTransform 类型的坐标变换信息发布出去，插入 TF 树中。在真实机器人应用中，如果知道机器人的位置（x，y，z）与姿态（roll，pitch，yaw），就可以广播一个 TF 了。如果是仅在平面移动的机器人，则只需要知道 x、y、yaw 即可。

2. TF 监听

　　TF 监听器原源码文件为 turtle_tf/src/turtle_tf_listener.cpp，上面我们介绍了 TF 广播器，广播器将 TF 信息广播之后，系统中的其他节点可随时监听。TF 监听器的源码内容如下：

```
#include <ros/ros.h>
#include <tf/transform_listener.h>
#include <geometry_msgs/Twist.h>
#include <turtlesim/Spawn.h>

int main(int argc, char** argv)
{
    ros::init(argc, argv, "my_tf_listener");
    ros::NodeHandle node;

    ros::service::waitForService("spawn");
    ros::ServiceClient add_turtle =
    node.serviceClient<turtlesim::Spawn>("spawn");
    turtlesim::Spawn srv;
    add_turtle.call(srv);
    ros::Publisher turtle_vel =
      node.advertise<geometry_msgs::Twist>("turtle2/cmd_vel", 10);
    tf::TransformListener listener;
    ros::Rate rate(10.0);
    while (node.ok())
    {
      tf::StampedTransform transform;
      Try
      {
          listener.lookupTransform("/turtle2", "/turtle1",ros:: Time(0),
transform);
      }
      catch (tf::TransformException &ex)
```

```
        {
            ROS_ERROR("%s",ex.what());
            ros::Duration(1.0).sleep();
            continue;
        }
        geometry_msgs::Twist vel_msg;
        vel_msg.angular.z = 4.0 * atan2(transform.getOrigin().y(),
                                   transform.getOrigin().x());
        vel_msg.linear.x = 0.5 * sqrt(pow(transform.getOrigin(). x(), 2)
+
                                   pow(transform.getOrigin().y(), 2));
        turtle_vel.publish(vel_msg);
        rate.sleep();
        }
        return 0;
    }
```

　　以上即 TF 监听器的全部代码，下面我们对主要代码进行解析。

　　包含 tf/transform_listener.h 头文件，以完成 TF 变换接收任务。通过 TF 监听器，我们可以避免烦琐的旋转矩阵计算，从而直接获取我们需要的相关信息：

```
    #include <tf/transform_listener.h>
```

　　在这里，我们创建一个 TransformListener 类型的对象，即监听器。一旦创建了监听器，它就会自动监听 TF 树中的坐标变换信息，并缓存 10s：

```
    tf::TransformListener listener;
```

　　定义存放变换关系的变量：

```
    tf::StampedTransform transform;
```

　　在这里，主要工作已经完成，查询监听器可以获得 turtle2 相对于 turtle1 的坐标变换。监听做不到实时，ros::Time(0)表示监听最近一次的坐标变换，将监听到的坐标变换信息存储到 transform 中：

```
    Try
    {
        listener.lookupTransform("/turtle2","/turtle1",ros::Time(0),
transform);
    }
```

通过监听器得到 turtle1 和 turtle2 之间的变换关系，计算出 turtle2 向 turtle1 靠近需要的速度和角度，并通过速度发布器 turtle_vel 发布出去：

```
geometry_msgs::Twist vel_msg;
vel_msg.angular.z = 4.0 * atan2(transform.getOrigin().y(),
                               transform.getOrigin().x());
vel_msg.linear.x = 0.5 * sqrt(pow(transform.getOrigin().x(), 2) +
                              pow(transform.getOrigin().y(), 2));
turtle_vel.publish(vel_msg);
```

3. TF 变换实例演练

前面已经通过代码对 TF 广播器和监听器进行了详细解析，下面我们用实际例子让小海龟动起来。

首先我们需要一个启动文件 turtle_tf/launch/tf_demo.launch，内容如下：

```
<launch>
    <!--小海龟仿真器节点-->
<node pkg="turtlesim" type="turtlesim_node" name="sim"/>
    <!--键盘控制节点-->
    <node pkg="turtlesim" type="turtle_teleop_key" name="teleop" output=
"screen"/>
    <!-- turtle1 与 turtle2 TF 广播器 -->
    <node pkg="turtle_tf_learning" type="turtle_tf_broadcaster"
        args="/turtle1" name="turtle1_tf_broadcaster" />
    <node pkg="turtle_tf_learning" type="turtle_tf_broadcaster"
        args="/turtle2" name="turtle2_tf_broadcaster" />
    <!-- 监听 turtle1 与 turtle2 之间的 TF 变换关系，并控制 turtle2 向 turtle1 运动 -->
    <node pkg="turtle_tf_learning" type="turtle_tf_listener" name="listener" />
    </launch>
```

启动 tf_demo.launch 文件，我们会在小海龟仿真器中看到两只小海龟，第二只小海龟跟随第一只运动，如图 7-15 所示。

该实例中一共创建了 3 个坐标系，即 world、turtle1、turtle2。其中，world 是世界坐标系，是固定的；turtle1 和 turtle2 分别为两只小海龟的坐标系，两者坐标系的变换关系是在 world 坐标系下完成的。实例中节点和主题之间的关系如图 7-16 所示。

通过 RViz 可查看 world、turtle1、turtle2 三坐标系之间的关系，如图 7-17 所示，终端命令如下：

```
rosrun rviz rviz -d 'rospack find turtle_tf'/rviz/turtle_rviz.rviz
```

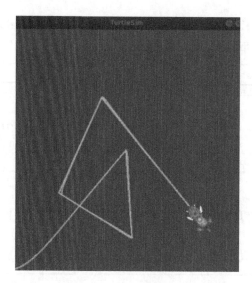

图 7-15　小海龟跟随运动

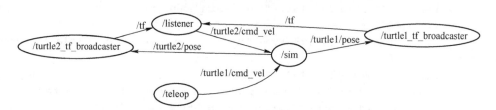

图 7-16　实例中节点和主题之间的关系

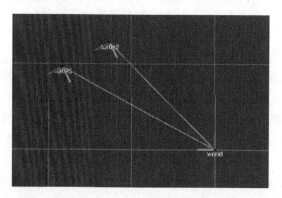

图 7-17　world、turtle1、turtle2 三坐标系之间的关系

7.4.3　TF 常用工具

通过 7.4.2 节的学习，我们看到了两只小海龟的追逐游戏。本节我们接着上节内容使用 TF 工具查看两只小海龟在追逐过程中的一些状态信息，通过工具查看 TF 在幕后做了哪些工作。

1．tf_echo

tf_echo 工具用来查看两个坐标系之间的变换关系。下面我们在终端打印 turtle1 与 turtle2 之间的变换关系，它相当于从 turtle1 到 world 的变换与从 world 到 turtle2 变换的乘积，终端命令如下：

```
rosrun tf tf_echo /turtle1 /turtle2
```

运行上述终端命令，结果如图 7-18 所示。从图中我们可以看到，终端打印的信息包含时间戳、平移向量、旋转变换。其中旋转变换有 3 种形式，分别为四元数、欧拉角（弧度）、欧拉角（角度）。

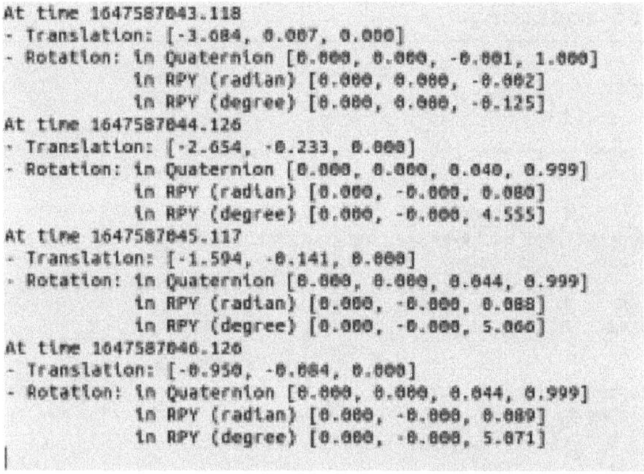

```
At time 1647587043.118
- Translation: [-3.084, 0.007, 0.000]
- Rotation: in Quaternion [0.000, 0.000, -0.001, 1.000]
            in RPY (radian) [0.000, 0.000, -0.002]
            in RPY (degree) [0.000, 0.000, -0.125]
At time 1647587044.126
- Translation: [-2.654, -0.233, 0.000]
- Rotation: in Quaternion [0.000, 0.000, 0.040, 0.999]
            in RPY (radian) [0.000, -0.000, 0.080]
            in RPY (degree) [0.000, -0.000, 4.555]
At time 1647587045.117
- Translation: [-1.594, -0.141, 0.000]
- Rotation: in Quaternion [0.000, 0.000, 0.044, 0.999]
            in RPY (radian) [0.000, -0.000, 0.088]
            in RPY (degree) [0.000, -0.000, 5.060]
At time 1647587046.126
- Translation: [-0.950, -0.084, 0.000]
- Rotation: in Quaternion [0.000, 0.000, 0.044, 0.999]
            in RPY (radian) [0.000, -0.000, 0.089]
            in RPY (degree) [0.000, -0.000, 5.071]
```

图 7-18　turtle1 与 turtle2 坐标系的变换关系

2．tf_monitor

tf_monitor 是用于查看 TF 树中坐标系发布状态的工具，可查看左右坐标系的发布状态，也可查看指定坐标系间的发布状态。下面通过命令查看 turtle1 在 world 坐标系下的状态（见图 7-19）：

```
rosrun tf tf_monitor /turtle1 /world
```

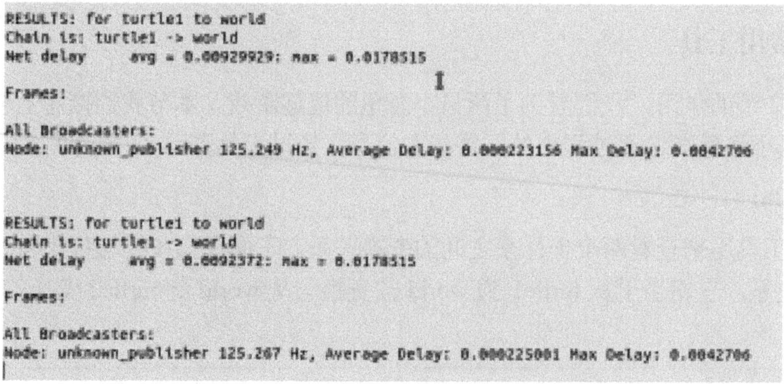

图 7-19　turtle1 在 world 坐标系下的状态

　　也可不输入任何参数，通过命令查看所有坐标系的状态，如图 7-20 所示。从图中可以看到，我们一共发布了 3 只小海龟的信息，后面显示的是平均延时和最大延时信息，终端命令如下：

```
rosrun tf tf_monitor
```

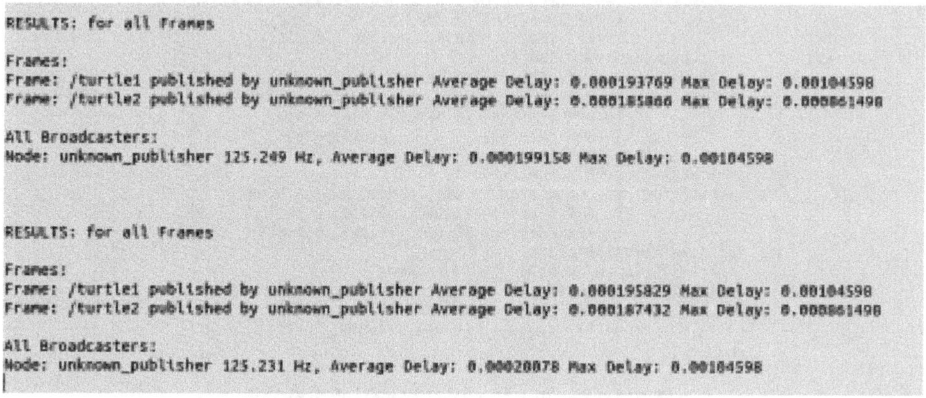

图 7-20　TF 树中所有坐标系的发布状态

3. view_frames

view_frames 用来显示整个 TF 树结构，在终端输入以下命令，可看到图 7-21 中所示的信息并生成.pdf 文件：

```
rosrun tf view_frames
```

```
~$ rosrun tf view_frames
Listening to /tf for 5.0 seconds
Done Listening
dot - graphviz version 2.40.1 (20161225.0304)

Detected dot version 2.40
frames.pdf generated
```

图 7-21　终端生成的信息

使用终端命令查看.pdf 文件中的内容（见图 7-22）：

```
evince frames.pdf
```

从图中可以看出有世界坐标系（world）和两个小海龟坐标系（turtle1、turtle2），世界坐标系是 TF 树的根节点，两个小海龟坐标系均以世界坐标系为基础建立。

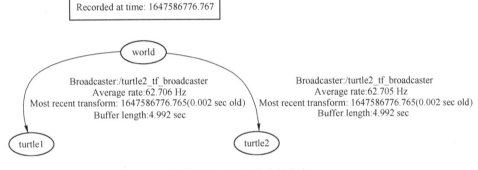

图 7-22　.pdf 文件中的内容

4. rqt_tf_tree

rqt_tf_tree 与 view_frames 功能相似，用于使 ROS TF 树可视化，区别是前者可通过刷新按钮更新 TF 树的内容，可连续观察，后者连续采样 5s 后获取 TF 树的内容并生成.pdf 文件，使用起来不方便。通过以下命令在终端启动 rqt_tf_tree，效果如图 7-23 所示：

```
rosrun rqt_tf_tree rqt_tf_tree
```

5. static_transform_publisher

除了显示不同坐标系之间的变换关系，我们还可以通过 static_transform_publisher 发布两个坐标系之间的静态坐标关系，这两个坐标系之间是相对静止的。static_transform_publisher 工具将坐标变换插入 TF 树中，剩下的工作由 TF 完成，该工具有两种命令格式：

（1）static_transform_publisher x y z yaw pitch roll frame_id child_frame_id period_in_ms

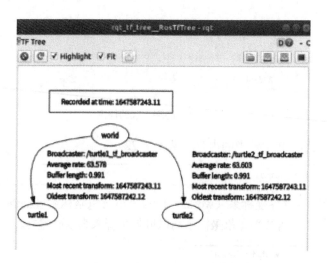

图 7-23　使用 rqt_tf_tree 查看 TF 树

（2）static_transform_publisher x y z qx qy qz qw frame_id child_frame_id period_in_ms

这两种命令格式中的前 3 个参数和后 3 个参数是相同的，依次为 *x*、*y*、*z* 坐标轴方向上的位移量（单位为 m），参数 frame_id 和 child_frame_id 用来设置父坐标系和子坐标系，period_in_ms 用来设置发布时间（单位为 ms），默认为 100ms，即 10Hz。格式（1）中的第 4～第 6 个参数和格式（2）中的第 4～第 7 个参数均代表两坐标系的旋转，只是格式（1）使用欧拉角（单位为 rad）形式，格式（2）使用四元数形式。

static_transform_publisher 工具既可以通过终端命令启动，也可以将其写入<launch>中启动：

```
    <launch>
     <node pkg="tf" type="static_transform_publisher" name="link1_ broad-
caster" args="1 0 0 0 0 0 1 link1_parent link1 100" />
    </launch>
```

启动终端，使用 static_transform_publisher 设置 base_link 坐标系与 camera_link 坐标系之间的变换关系，效果如图 7-24 所示，命令如下：

```
    rosrun tf static_transform_publisher 1 0 0 1.57 0 0 base_link camera_
link 100
```

6. roswtf

使用 roswtf 工具可以帮助查找 TF 中的问题，运行效果如图 7-25 所示：

```
    roswtf
```

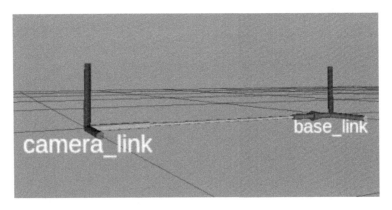

图 7-24　static_transform_publisher 工具设置坐标系之间的变换关系

```
~$ roswtf
Loaded plugin tf.tfwtf
No package or stack in context
================================================================================
Static checks summary:

No errors or warnings
================================================================================
Beginning tests of your ROS graph. These may take awhile...
analyzing graph...
... done analyzing graph
running graph rules...
... done running graph rules
running tf checks, this will take a second...
... tf checks complete

Online checks summary:

Found 1 warning(s).
Warnings are things that may be just fine, but are sometimes at fault

WARNING The following node subscriptions are unconnected:
 * /rviz_1647960176390172072:
   * /tf_static
```

图 7-25　使用 roswtf 工具查找 TF 中的问题

第 **8** 章

SLAM 及导航

SLAM 及导航是移动机器人最关键的部分。ROS 提供了完整的 SLAM 和导航功能包集，只需要对机器人进行适当的配置，即可在自己的机器人上实现完整的功能。

8.1 SLAM 简介

SLAM（Simultaneous Localization And Mapping），即史密斯同时定位与地图构建，或者叫并发建图与定位。通俗地讲，就是搭载特定传感器的机器人在未知的环境下运动，根据自身的位置估计绘制未知环境的地图。这一概念最早由史密斯（Smith）、塞尔夫（Self）和奶酪超人（Cheeseman）于 1988 年提出，目前被公认是导航及自主驾驶的关键技术。

用于位置估计的传感器有编码器（Encoder）和惯性测量单元（IMU）。编码器用于测量车轮的运转数，并通过导航推测推算机器人大致的运动位置。这种方式存在一定的误差，目前比较通用的方法是，借用 IMU 测得的惯性信息来补偿位置信息的误差。但是依然存在很多问题，如传感器获取到的信息不确定、信息的实时性等。为了有效避免这些问题，有多种位置估计算法在特定的场合中被应用，其中具有代表性质的包括卡尔曼滤波和利用粒子滤波的蒙特卡罗定位等算法。

由卡尔曼（Kalman）博士开发的卡尔曼滤波器因其在美国宇航局的阿波罗计划中的应用而广为人知，该滤波器指在有噪声的线性系统中跟踪目标值状态的递归滤波器。基于贝叶斯概率，它预先假定了一个模型，并使用这个模型从以前的状态预测当前状态。然后使用这个预测值与由外部测量仪器获得的实际测量值之间的误差来执行一个补偿过程，这个过程利用误差值推定准确的状态值。它持续地重复迭代，以此提高准确性。

　　蒙特拉罗定位算法又称粒子滤波定位方法，是贝叶斯滤波在非线性、非高斯系统中的实现，其基本思想是使用一组离散分布的随机采样来模拟并估计机器人位姿的概率分布情况，每个样本都有自己的权重数值，权重表示了对位姿估计的可信度。

　　相比自适应蒙特卡洛算法，标准蒙特卡洛算法的精度更高，原因是它使用了更多的粒子，但这势必会带来更多的运算量，对移动机器人的运算能力要求也更高。而自适应蒙特卡洛算法减少了重采样的次数和采样的粒子个数，提高了算法的运行效率。通过使用自适应的库尔贝克-莱布勒散度（Kullback Leibler Divergence，KLD）方法更新粒子，自适应蒙特卡洛定位（Adaptive Monte Carlo Localization，AMCL）算法在已知地图数据的基础上根据订阅到的激光传感器的扫描特征，使用粒子滤波的方法获取最佳定位点，以此实现主动定位，跟踪机器人的位姿。

8.2　常见激光 SLAM 算法简介

　　激光距离传感器，如激光雷达、激光测距仪等，它是利用激光光源来测量其与物体的距离的传感器。激光距离传感器具备高性能、高速度和实时数据采集的优点，因此在距离测量方面有着广泛的应用。常见的激光 SLAM 算法如表 8-1 所示。

表 8-1　常见的激光 SLAM 算法

特性	HectorSLAM	gmapping	TinySLAM
低特征场景构图	差	较好	差
计算复杂度	高	低	低
回环检测	有	有	无
缺点	对传感器要求高	要求地面平坦	稳定性差

　　HectorSLAM 算法利用已经获得的地图对激光束点阵进行优化，估计激光点在地图中的表示和占据网格的概率。利用高斯牛顿方法解决扫描匹配（Scan Matching）问题。找到激光点集映射到已有地图的刚体转换 $(x, y, theta)$。为避免局部最小而非全局最优的（类似于多峰值模型的局部梯度最小，但非全局最优）出现，使用多分辨率地图。

　　gmapping 在 RBPF（Rao-Blackwellized Particle Filters）的基础上完成了两个改进，即为了减小粒子数，gmapping 提出了改进提议分布；为了减少重采样的次数，gmapping 提出了选择性重采样。RBPF 算法将 SLAM 问题分解成机器人定位问题和基于位姿估计的环境特征位置估计问题，用粒子滤波算法做整个路径的位置估计，用 EKF 估计环境特征的位置，每一个 EKF 对应一个环境特征。粒子滤波算法一般需要大量的粒子来获取较好的结果，但这必会增加计算的复杂度；粒子滤波是一个依据过程中的观测逐渐更新权重与收敛的过程，这种重采样的过程必然会代入粒子耗散问题，大权重粒子显著，小权重粒子消失（有可能正确的粒子模拟在中间阶段因表现权重小而消失）。自适应重采样技术引入减少了粒子耗散问题，计算粒子分布的时候不仅依靠机器人的运动（里程计），同时将当前观测考虑进去，减少了机器人位置在粒子滤波过程中的不确定性。

TinySLAM（也称 CoreSLAM）是基于蒙特卡洛定位算法的简单 SLAM 实现方法，将 SLAM 简化为距离计算和地图更新两部分。第一部分，每次扫描输入，使用简单的粒子滤波算法计算距离，粒子滤波的匹配器用于激光与地图的匹配，每个滤波器粒子代表机器人可能的位姿描述和对应的概率权重，这些都依赖之前的迭代计算，选择最好的假设分布，即低权重粒子消失，新粒子生成；第二部分，将扫描得到的线加入地图中，当障碍出现时，围绕障碍点绘制调整点集，而非仅一个孤立点。

HectorSLAM 是个性能非常好的算法，而且不需要里程计数据，但是由于 HectorSLAM 通过最小二乘法匹配扫描点，依赖高精度的激光雷达数据。gmapping 算法是目前在激光 2DSLAM 用得最广的方法，由于其运算量较小，所以更适合应用在移动机器人领域，只是对地面的平整性要求较高。TinySLAM 算法的代码十分轻量，运算压力也相对较小，但没有回环检测（尽管开源爱好者也正在为此努力），一旦计算出现较大的误差，就会一直在错误的位置上建图而无法矫正这一偏差。

8.3 应用 gmapping 构建机器人约束条件

1. 移动方式

机器人必须能够使用 x、y 轴平面上的平移速度和旋转速度命令进行操作。例如，可以单独驱动左右两个车轮的差动驱动式移动机器人，或者具有 3 个以上的全向轮的全向移动机器人。

2. 里程计（Odometry）

需要能获得机器人的位置估计信息。换句话说，要可以通过导航推测方法来推算机器人移动的距离和旋转量。在前面运动学分析章节，我们采用了编码器数据和惯性导航数据融合的组合定位方法生成里程信息，使里程信息更加准确。

3. 传感器

为了实现 SLAM 和导航，机器人需要有 LDS（Laser Distance Sensor）、LRF（Laser Range Finder）和 LiDAR 来测量 *xy* 平面上的障碍物。深度相机（如 RealSense、Kinect 和 Xtion）也可以将 3D 信息转换为 *xy* 平面上的信息。换句话说，有必要安装一个能够测量二维平面的传感器。本书采用激光雷达作为测量传感器。

8.4　slam_gmapping 功能包

slam_gmapping 功能包包含了来自 OpenSlam 的 GMapping。GMapping 是一个根据激光传感器数据来构建二维栅格地图的 Rao-Blackwellized 粒子滤波 SLAM 算法。

Rao-Blackwellized 粒子滤波目前被认为是解决 SLAM 问题行之有效的方法，该方法使用粒子滤波算法，其中每个粒子承载一份独立的地图。slam_gmapping 功能包采用自适应蒙特卡洛算法，减少了重采样的次数和采样的粒子个数，提高了算法的运行效率。

8.5　应用 gmapping 构建二维地图

我们使用 slam_gmapping 功能包中的 gmapping 和 navigation 中的 map_server 来构建与保存地图，并且通过 RViz 来监控整个构图过程。

运行功能包之后会创建一个 slam_gmapping 节点，这个节点可以将激光雷达测量得到的数据整合到一张 occupancy 地图中。在 ROS 中，地图只是一张位图，用来表示网格被占据的情况。其中，白色像素点代表没有被占据的网络，黑色像素点代表障碍物，而灰色像素点代表未知、未被探索的环境。

（1）启动机器人，打开命令窗口，执行 roslaunch 命令：

```
$ roslaunch carebot_bringup carebot_bringup.launch
```

（2）运行 SLAM 功能包：

```
$ roslaunch carebot_navigation gmapping_start.launch
```

（3）运行 RViz，查看整个 gmapping 过程：

```
$ roslaunch carebot_navigation view_navigation.launch
```

此时会打开 RViz 窗口，如图 8-1 所示，进入 gmapping 模式。

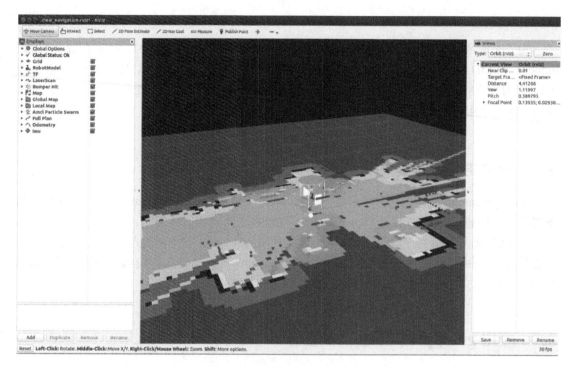

图 8-1　RViz 窗口

（4）遥控机器人移动，构建地图。以下命令允许用户手动遥控机器人并执行 SLAM 操作：

```
$ rosrun teleop_twist_keyboard teleop_twist_keyboard.py
```

这里不要过快地改变机器人的速度，也不要以过快的速度前进、后退或旋转。移动机器人时，机器人必须扫描要测量的环境的每个角落。

当机器人移动时，机器人会根据里程计、TF 信息和激光传感器扫描信息来创建地图，打开 RViz 窗口，可以看到一份完整的地图（见图 8-2）。

（5）保存地图。创建的地图保存在 map_saver 目录下。除非指定了文件名，否则保存为实际的地图文件（map.pgm）和包含地图信息的 map.yaml 文件。如下命令中的"-f"选项是指定保存地图文件目录及文件名的选项。例如，如果指定为"~/mymap"，则"~"意味着用户目录，而"mymap"意味着要保存为 mymap.pgm 和 map.yaml 文件：

```
$ rosrun map_server map_saver -f mymap
```

执行完上条命令之后就会在当前目录下保存刚才创建好的地图，包括两个文件，分别是

mymap.yaml 和 mymap.pgm。至此，机器人的整个 gmapping 建图过程就完成了。其中，mymap.pgm 就如同一张 image 图片一样，是地图的可视信息；mymap.yaml 是地图的数字信息，包含地图的分辨率和位置等信息。

图 8-2　RViz 窗口（创建地图结果）

在整个 gmapping 过程中的主题列表如下，通过 rostopic list 命令来查看：

```
$ rostopic list
/cmd_vel
/diagnostics
/imu
/imu_node/parameter_descriptions
/imu_node/parameter_updates
/joint_states
/map
/map_metadata
/mobilebase_arduino/sensor_state
...（省略）
```

节点和主题之间的关系如图 8-3 所示，通过 rqt_graph 查看。

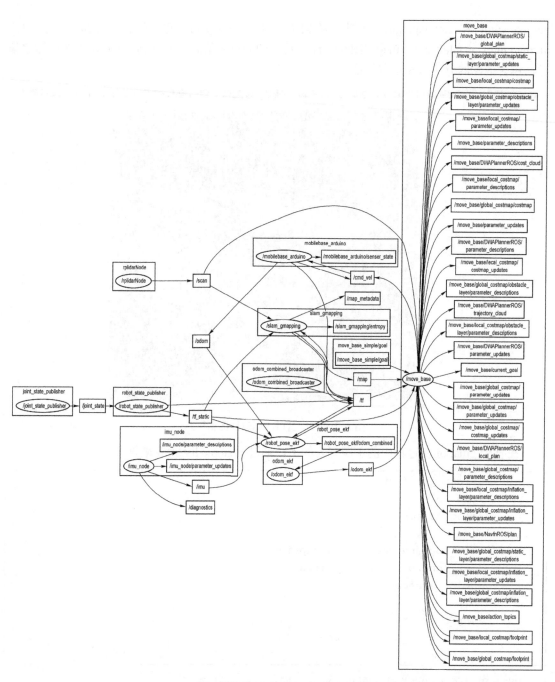

图 8-3　节点和主题之间的关系

8.6　SLAM 构建地图过程分析

8.5 节中我们通过 5 行命令完成了对地图的构建和保存，本节我们将重点讲解应用 SLAM 所需 ROS 功能包的配置方法，重点学习 slam_gmapping 功能包中的 gmapping 和 navigation 功能包中的 map_server。

8.6.1　地图分析

对于人来说，我们可以看懂一张地图，但对于机器人，应该给机器人一个易于理解和易于计算的数字文件。目前相关从业人士对机器人导航地图所需信息已经研讨了很长时间，到现在为止也没有明确的论断。在此环境下，近年来出现了各种形式的机器人导航地图信息格式，有些不仅包括二维信息，还包括三维信息，甚至有些地图不仅包含有关移动的信息，还包含各物体的分割信息。

本书中，我们采用 ROS 中常用的二维占用网格地图（Occupancy Grid Map，OGM）。如图 8-4 所示，白色是机器人可以移动的自由区域（Free Area），黑色是机器人不能移动的占用区域（Occupied Area），灰色是未被确认的未知区域（Unknown Area）。

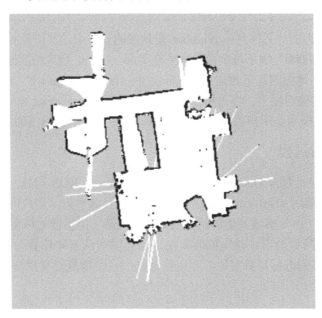

图 8-4　二维占用网格地图示例

我们将所有区域用灰度值来表示，取值范围为 0～255，该值是通过贝叶斯定理的后验概率获得的，该后验概率代表占用状态的占用概率。占用概率 occ 表示为 "occ=（255-color_avg）/255.0"。如果图像是 24 位，则 "color_avg=（一个单元的灰度值/0xFFFFFF×255）"。occ 越接近 1，它被占用的概率就越大；越接近 0，它被占用的概率就越小。

当 occ 以 ROS 消息（nav_msgs/OccupancyGrid）发布时，会被重新定义为占有度，是 0～100 的整数。越接近 0，就越接近机器人可以移动的自由区域（Free Area），而越接近 100，就越接近机器人不能移动的占用区域（Occupied Area）。此外，-1 被定义为未知区域（Unknown Area）。

在 ROS 中，地图信息以 pgm（portable graymap format）文件格式存储和使用，相当于一张图片。此外，它还包含一个.yaml 文件，以及地图数字信息。例如，我们查看上一节所构建的地图信息（map.yaml），结果如下所示：

```
image: mymap.pgm
resolution: 0.050000
origin: [-12.200000, -13.800000, 0.000000]
negate: 0
occupied_thresh: 0.65
free_thresh: 0.196
```

其中，image 是地图的文件名；resolution 是地图的分辨率，单位是 meters/pixel。"resolution: 0.050000" 表示每个像素意味着 5cm。origin 是地图的原点，origin 的每个数字代表 x、y 和 yaw。地图的左下角是（x=-10m，y=-10m）。"negate:0" 表示会反转黑白。

每个像素颜色的确定如下：当占用概率超过占用阈值（occupied_thresh）时，表示为黑色的占用区域；当占用概率小于自由阈值（free_thresh）时，表示为白色的自由区域。

8.6.2 SLAM 执行过程

gmapping 功能包是包含 OpenSlam 的 GMapping 的一个 ROS 封装，其提供了基于激光的 SLAM，在 ROS 中使用 slam_gmapping 节点表示。通过该节点，用户可以根据机器人在移动过程中的 scan 信息（由传感器测量的距离值）和 TF 值（传感器的位置值）来创建 2D 栅格地图（见图 8-5）。简单地说，就是机器人在未知环境中从未知位置开始移动，在移动过程中依据位置估计和地图进行自身定位，在定位基础上同步增量建立地图，从而实现自主定位和导航。

1. 节点订阅主题

（1）tf (tf/tfMessage)：用于激光器坐标系、基座坐标系、里程计坐标系之间的转换。

（2）scan (sensor/LaserScan)：激光器扫描数据。

2．节点发布主题

（1）map_metadata (nav_msgs/MapMetaData)：周期性发布地图 metadata 数据。

（2）map (nav_msgs/OccupancyGrid)：周期性发布地图数据。

（3）~entropy (std_msgs/Float64)：发布机器人姿态分布熵的估计。

3．服务

dynamic_map (nav_msgs/GetMap)：调用该服务可以获取地图数据。

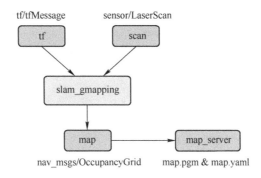

图 8-5　2D 栅格地图的构建与保存

8.6.3　gmapping 参数设定

机器人相关 SLAM 及导航功能包地址如下：

```
omniWheelCareRobot/rosCode/src/carebot_navigation
```

在 gmapping 功能包中，gmapping_start.launch 为启动 gmapping 的 launch 文件。在 gmapping 过程中，首先启动 rplidar 激光雷达，这样会输出/scan 主题，即激光雷达的输出数据，可以通过 rostopic info /scan 来查看该主题的输出。slam_gmapping 节点需要配置的参数如下：

```
#启动 SLAM 节点
<node pkg="gmapping" type="slam_gmapping" name="slam_gmapping" output=
"screen">
#地图更新的一个间隔，地图更新也受 scanmach 的影响，如果 scanmatch 没有成功，是不会更新地图的
    <param name="map_update_interval" value="5.0"/>
    #set maxUrange < maximum range of the real sensor <= maxRange
```

```
            <param name="maxUrange" value="7.5"/>
            <param name="sigma" value="0.05"/>
            <param name="kernelSize" value="1"/>
            <param name="lstep" value="0.05"/>
            <param name="astep" value="0.05"/>
            <param name="iterations" value="5"/>
            <param name="lsigma" value="0.075"/>
            <param name="ogain" value="3.0"/>
            #为 0，表示所有的激光都处理，尽可能为 0；如果计算压力过大，可以改成 1
            <param name="lskip" value="0"/>
    #很重要，判断 scanmatch 是否成功的阈值，过高会使 scanmatch 失败，从而影响地图的更新速率
            <param name="minimumScore" value="50"/>
            #以下 4 个参数是运动模型的噪声参数
            <param name="srr" value="0.1"/>
            <param name="srt" value="0.2"/>
            <param name="str" value="0.1"/>
            <param name="stt" value="0.2"/>
            #机器人移动 linearUpdate 距离，进行 scanmatch
            <param name="linearUpdate" value="1.0"/>
            #机器人选装 angularUpdate 角度，进行 scanmatch
            <param name="angularUpdate" value="0.5"/>
            <param name="temporalUpdate" value="3.0"/>
            <param name="resampleThreshold" value="0.5"/>
            #gmapping 算法中的粒子数
            <param name="particles" value="30"/>
            #map 初始化的大小
            <param name="xmin" value="-5.0"/>
            <param name="ymin" value="-5.0"/>
            <param name="xmax" value="5.0"/>
            <param name="ymax" value="5.0"/>
            <param name="delta" value="0.05"/>
            <param name="llsamplerange" value="0.01"/>
            <param name="llsamplestep" value="0.01"/>
            <param name="lasamplerange" value="0.005"/>
            <param name="lasamplestep" value="0.005"/>
    </node>
```

重要参数说明如下。

（1）particles (int, default: 30)：gmapping 算法中的粒子数，因为 gmapping 使用的是粒子滤波算法，粒子在不断迭代更新，所以选取一个合适的粒子数可以让算法在保证结果比较准确的同时有较高的速度。

（2）minimumScore (float, default: 0.0)：最小匹配得分，这个参数很重要，它决定了激光的一个置信度，越高说明对激光匹配算法的要求越高，激光的匹配也越容易失败而转去使用里程计数据，而设得太低又会使地图中出现大量噪声，所以需要权衡调整。

8.7　ROS 机器人导航简介

机器人在未知环境中需要使用激光传感器（或者将深度传感器转换为激光数据）先进行地图建模，然后根据构建的地图进行导航与定位。在 ROS 中可以利用以下 3 个功能来实现自主导航。

（1）gmapping：根据激光数据（深度数据模拟激光数据）构建地图。

（2）move_base：将全局导航和局部导航链接在一起以完成其导航任务。全局导航用于建立到最终目标或到一个远距离目标的路径；局部导航用于建立到近距离目标和为了临时躲避障碍物的路径。

（3）amcl：一种升级版的蒙特卡洛定位方法，使用自适应的 KLD 方法来更新粒子。而蒙特卡洛定位法使用的是粒子滤波算法来进行定位的。粒子滤波，很粗浅地说，就是一开始在地图空间中很均匀地撒一把粒子，然后通过获取机器人的移动来移动粒子，如机器人向前移动了 1m，所有的粒子也就向前移动 1m，不管现在这个粒子的位置对不对，使用每个粒子所处的位置模拟一个传感器信息跟观察到的传感器信息（一般是激光）做对比，从而赋给每个粒子一个概率。之后根据生成的概率来重新生成粒子，概率越高的粒子，重新生成的概率就越大。这样迭代之后，所有的粒子会慢慢收敛到一起，机器人的确切位置也就被推算出来了。

如图 8-6 所示为蒙特卡洛定位法原理图。在图 8-6 中，椭圆框内是导航必须用到的基本组件，圆角矩形框是供应用开发者使用的组件。导航功能包提供的主要组件的功能如下。

1. 传感器坐标变换（sensor transforms）

前面章节已经讲过 TF 坐标变换的作用，本书介绍的机器人搭载了多个传感器，机器人本体与传感器之间的坐标变换关系是固定不变的，在导出机器人 URDF 模型时这些变换关系已经设定，如图 8-7 所示为使用 urdf_to_graphiz 得到的服务机器人 URDF 模型的整体结构，图中可直观看出机器人各坐标系之间的变换关系。

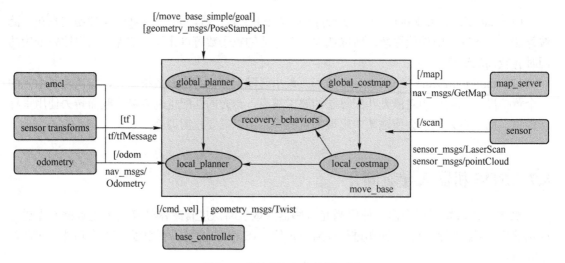

图 8-6 蒙特卡洛定位法原理图

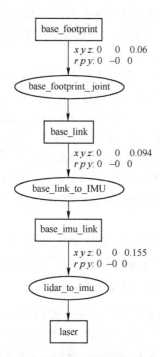

图 8-7 使用 urdf_to_graphiz 得到的服务机器人 URDF 模型的整体结构

ROS 当中的 TF 树，对应于机器人不同位置固连坐标系之间的变换关系，以显示机器人的运动状态。树的含义比较简单，主要表达了 ROS 中的 TF 关系本质上是单向传递的，一般而言，会存在一个固连的坐标系 world 或 map，代表着世界坐标系。对于与移动机器人定位相关的应用而言，还会存在一个 odom 坐标系，用来记录里程计。如图 8-8 所示，其即一个机器人的 TF 树。

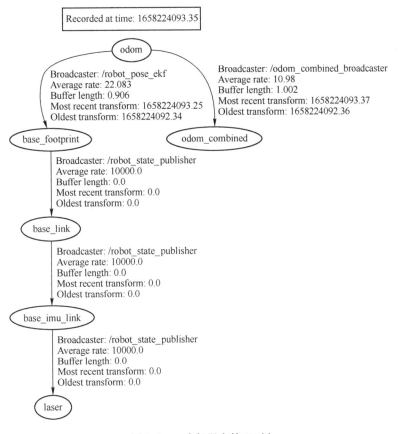

图 8-8　一个机器人的 TF 树

我们已经知道 TF 树代表着机器人的运动状态，在实际进行调试时，我们希望可视化机器人在运行当中的各种信息，如其运动状态、地图、各种力/力矩，这时候 TF 树便发挥了它的作用。ROS 提供了一个通用的机器人状态可视化软件 RViz，若想要在 RViz 中顺利展示出机器人各种信息，我们要充分定义好对应的 TF 树。以先前的机器人为例，如果没有定义 base_link 到 base_imu_link 的 TF 关系，则在 RViz 中我们是无法展示 base_imu_link 和其之后所有坐标系的状态的。再以所建的地图为例，同样也要充分指定数据是基于哪个坐标系产生的，并且各坐标系之间一定要有先前所说的单向流动的 TF 树关系。

2. 通过 ROS 发布传感器数据信息（sensor）

通过 ROS 发布传感器数据信息对导航功能包是十分重要的。如果导航功能包不能从传感器上接收信息，机器人就可能会撞到障碍物。可以给导航功能包提供信息的有激光、摄像头、红外、超声波等传感器，但是导航功能包只能接收 sensor_msgs/LaserScan 或者 sensor_msgs/pointCloud 格式的数据。

3. 通过 ROS 发布里程信息（odometry）

导航功能包用 TF 软件包来确定机器人在世界坐标系中的位置和相对于静态地图的相关传感器信息，但是 TF 软件包不提供与机器人速度相关的任何信息，所以导航功能包要求里程计源程序发布一个变换和一个包含速度信息的 nav_msgs/Odometry 消息。

4. 基础控制器（base_controller）

ROS 并不提供任何标准的基础控制器，机器人通过 geometry_msgs/Twist 类型的消息和底层电子驱动通信来控制电机运转，这一类型也正是 odometry 所使用的。基础控制器必须订阅以 cmd_vel 为名称的主题，且生成正确的线速度和角速度命令来驱动机器人运转。

8.8　机器人路径规划算法简介

从图 8-6 中可以看出，move_base 提供了 ROS 导航的配置、运行和交互接口，它主要包括如下两部分。

◆ 全局路径规划（Global Planner）：根据给定的目标位置进行总体路径规划。

◆ 局部路径规划（Local Planner）：根据所在位置附近的障碍物进行躲避规划。

1. 全局路径规划

全局路径规划器使用了 A*算法，它是一种高效的路径搜索算法，采用启发函数来估计地图上机器人当前的位置到目标位置之间的距离，并以此选择最优的方向进行搜索，如果失败，会选择其他路径继续搜索，直到得到最优路径。

2. 局部路径规划

局部路径规划是利用 local_planner 功能包实现的，该功能包使用规划推理和动态窗口（Dynamic Window Approaches，DWA）算法计算机器人每个周期内应该行驶的速度和角度。DWA 算法先离散采样机器人控制空间，对于每个采样速度，从机器人当前的状态进行模拟预测（如该采样速度应用于一段时间内将会出现什么情况），然后合并一些特征的度量标准来从模拟预测中评价每个轨迹结果（如障碍物接近目标、接近全局路径和速度）。舍弃不合适的路径（有障碍物碰撞的）最后挑选得分最高的轨迹，并且发布相关的速度给移动平台。

3. costmap

机器人的位置是根据编码器和惯性传感器（IMU 传感器）获得的测位来估计的，然后通过安装在机器人上的距离传感器来计算机器人与障碍物之间的距离。导航系统将机器人位置、传感器姿态、障碍物信息和作为 SLAM 地图的结果而获得的占用网格地图调用到固定地图（Static Map），用作占用区域、自由区域和未知区域。

在导航中，基于上述 4 种因素，计算障碍物区域、预计会和障碍物碰撞的区域，以及机器人可移动的区域，这被称为成本地图（costmap）。根据导航类型，成本地图又被分成两部分。一部分是 global_costmap，在全局路径规划中以整个区域为对象建立移动计划，其输出结果就是 global_costmap。而另一部分被称为 local_costmap，其是在局部路径规划中，在以机器人为中心的部分限定区域中规划移动路径时，或在躲避障碍物时用到的地图。然而，这两种成本地图的表示方法是相同的，尽管它们的目的不同。

costmap 的取值范围为 0～255，数值的含义如图 8-9 所示，简单地说，根据该值可以知道机器人位于可移动区域还是位于可能与障碍物碰撞的区域。每个区域的计算取决于代码中 costmap 的配置参数。

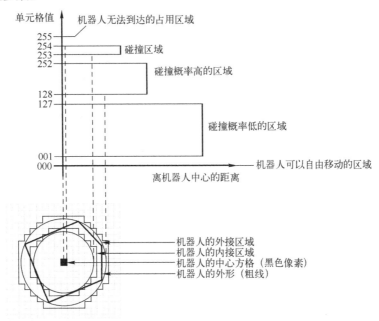

图 8-9　障碍距离与 costmap 值的对应关系

（1）000：机器人可以自由移动的区域。

（2）001～127：碰撞概率低的区域。

（3）128～252：碰撞概率高的区域。

（4）253～254：碰撞区域。

（5）255：机器人无法到达的占用区域。

8.9 应用导航功能包实现自主路径规划

在 ROS 中使用 amcl 功能包让机器人在已有的地图中利用当前从激光雷达得到的数据进行定位，在开始时，需要首先确定机器人的起始位置，使用 RViz 中的 2D Pose Estimate 来帮助机器人进行快速的初始定位。然后就可以在地图上使用 2D Nav Goal 来选择目的地，这样在 amcl 和 move_base 功能包的协同下，机器人会规划出一条从当前位置到目的地的路径，最终来向/cmd_vel 主题发送控制移动的命令，控制机器人严格按照规划的路径走向目的地。

8.9.1 路径规划执行过程

（1）启动机器人，打开命令窗口，执行 roslaunch 命令：

```
$ roslaunch carebot_bringup carebot_bringup.launch
```

（2）将 gmapping 生成的地图复制到指定位置，这样 amcl 才能加载新生成的地图：

```
$ mv ~/mymap.* omniWheelCareRobot/rosCode/src/carebot_navigation/ maps
```

（3）开启 amcl，准备进行自动导航：

```
$roslaunch carebot_navigation amcl_start.launch
```

（4）开启 RViz，方便查看整个自动导航过程：

```
$ roslaunch carebot_navigation view_navigation.launch
```

此时就会打开 RViz 窗口，加载好刚才创建的地图，如图 8-10 所示。

自动导航过程中的主题列表如下，通过 rostopic list 查看：

```
art@art:~$ rostopic list
/amcl_pose
/carebot_amcl/parameter_descriptions
/carebot_amcl/parameter_updates
/cmd_vel
/diagnostics
```

```
    /imu
    /...
    （省略）
```

图 8-10　RViz 窗口（地图示例）

　　整个系统的节点和主题之间的关系如图 8-11 所示，通过 rqt_graph 查看。

8.9.2　导航功能包参数设定

　　导航使用的是占用网格地图。基于该占用网格地图，利用机器人的姿态和从传感器获得的周围信息，将每个像素计算为障碍物、不可移动区域和可移动区域。这时用到的概念是 costmap。costmap 的配置参数就是这些文件，其中包括公用的 costmap_common_params.yaml 文件、全局区域运动规划所需的 global_costmap_params.yaml 文件，以及本地区域所需的 local_costmap_params.yaml 文件。我们只需要配置好相应的配置文件即可，配置文件如下：

```
#待配置文件
base_local_planner_params.yaml
costmap_common_params.yaml
global_costmap_params.yaml
local_costmap_params.yaml
```

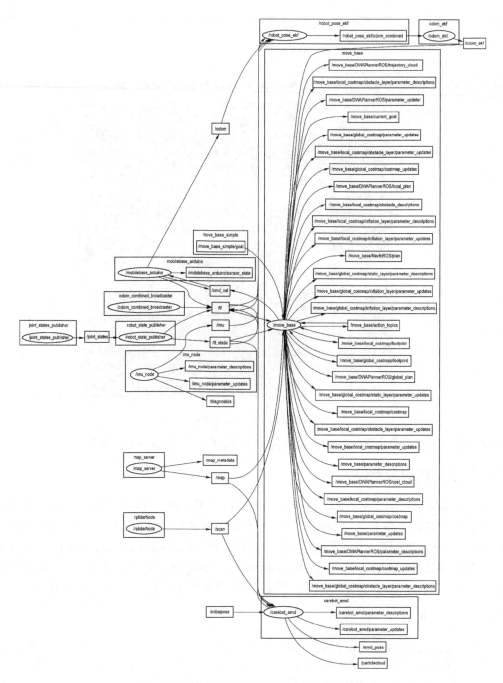

图 8-11 整个系统的节点和主题之间的关系

下面我们分别介绍每个文件中常用的参数。

（1）base_local_planner_params.yaml 配置文件：

> Controller_frequency：多长时间更新一次路径规划，即向控制机器人移动的主题中发送控制命令的速度。
> Max_vel_x：机器人最大线速度，单位为 m/s。
> Min_vel_x：机器人最小线速度，单位为 m/s。
> Max_rotation_vel：机器人最大旋转速度，单位为弧度/秒。
> Min_in_place_vel_theta：机器人最小旋转速度，单位为弧度/秒。
> Escape_vel：机器人后退的速度，单位为 m/s，这个需要为负值，这样机器人遇到障碍物才会后退。

（2）costmap_common_params.yaml 配置文件：

> Robot_radius：机器人的半径，单位为米（m）。
> Inflation_radius：地图上的障碍物半径，单位为米（m）。

（3）global_costmap_params.yaml 配置文件：

> Update_frequency：根据传感器数据，全局地图更新的频率。
> Transform_tolerance：指定在 TF 树中框架直接转换的最大延时。

（4）local_costmap_params.yaml 配置文件：

> Update_frequency：根据传感器数据，本地地图更新的频率。
> Publish_frequency：更新已经发布出去的本地地图。
> Rolling_window：本地地图更新是否启动滑动窗口。
> Width：滑动地图的 x 维长度。
> Height：滑动地图的 y 维长度
> Resolution：滑动地图的分辨率，该参数需要跟加载的地图的 yaml 文件设置的地图分辨率匹配。
> Transform_tolerance：指定 TF 树框架之间的转换或可能会暂时中止的地图绘制过程中两者的最大延时。

## 第 9 章

机器人功能扩展实例

前面的章节已经介绍了机器人如何实现自主移动的基本功能，下面将依托该机器人完成更多的功能扩展。本章节主要结合视觉和物联网对机器人进行优化。

9.1 机器人视觉跟随功能

9.1.1 ROS 下摄像头的标定

在图像测量过程中及机器视觉应用中，为确定空间物体表面某点的三维几何位置与其在图像中对应点之间的相互关系，必须建立相机成像的几何模型，这些几何模型参数就是相机参数。在大多数条件下，这些参数必须通过实验与计算才能得到，这个求解参数（内参、外参、畸变参数）的过程就称为相机标定（或摄像机标定）。在图像测量过程中或者机器视觉应用中，相机参数的标定都是非常关键的环节，其标定结果的精度及算法的稳定性直接影响结果的准确性。

打印一张棋盘格 A4 纸张（黑白间距已知），并贴在一个平板上；针对棋盘格拍摄若干张图片（一般 10～20 张）；在图片中检测特征点（Harris 特征）；利用解析估算方法计算出 5 个内参，以及 6 个外参；根据极大似然估计策略，设计优化目标并实现参数的提炼。

1. 创建工作空间

（1）将要创建的工作空间文件夹放在~/sensor_test/src/中。若新创建，则使用下面命令：

```
$ mkdir -p ~/sensor_test/src/
$ cd ~/sensor_test/src/
$ catkin_init_workspace  #初始化工作空间
```

（2）创建完工作空间文件夹后，里面并没有功能包，只有 CMakeLists.txt。使用下面的命令编译工作空间：

```
$ cd ~/sensor_test
$ catkin_make
```

编译完成后，查看 sensor_test，可以看到上面的编译命令创建了 build 和 devel 文件夹。

（3）使用以下命令完成配置：

```
~/sensor_test$ source devel/setup.bash
```

（4）添加程序包到全局路径并使之生效（如果已经添加过，则忽略此步骤）：

```
$ echo "source ~/sensor_test/devel/setup.bash" >> ~/.bashrc
$ source ~/.bashrc
```

要想保证工作空间已配置正确，需要确保 ROS_PACKAGE_PATH 环境变量包含你的工作空间目录，采用以下命令查看：

```
$ echo $ROS_PACKAGE_PATH
/home/<youruser>/sensor_test/src:/opt/ros/kinetic/share
```

到此工作环境已经搭建完成，接下来就可以创建功能包了。

2. 标定 orbbec 摄像头

机器人使用的是 orbbec 摄像头（奥比中光 astra 摄像头），所以首先需要下载 orbbec 功能包和驱动：

```
art@art:~/sensor_test/src$ git clone https://github.com/orbbec/ros_
astra_ launch.git
art@art:~/sensor_test/src$ git clone https://github.com/orbbec/ros_
astra_camera.git
```

（1）启动 ROS：

```
$ roscore
```

roscore 是启动 ROS 的关键服务，运行任何程序之前都得启动 roscore，而 rosout 节点是伴随 roscore 而启动的，用来收集和记录节点调试时输出的信息。

（2）启动摄像头驱动节点：

```
$ roslaunch astra_launch astra.launch
```

启动摄像头驱动节点结果示意图如图 9-1 所示。

图 9-1　启动摄像头驱动节点结果示意图

（3）查看节点是否启动成功：

```
$ rosrun rqt_image_view rqt_image_view
```

启动节点结果示意图如图 9-2 所示。

（4）打印标定靶。

标定是常规的棋盘格标定方法，只需下载棋盘格即可，采用的是 8×6、间距为 24mm 的棋盘文件，在 A4 纸上等比例打印即可。

（5）启动标定程序，标定 rgb 摄像头

启动标定程序之前需要先获取 camera_calibration 这个功能包，可以通过 git 命令获取：

```
art@art:~/sensor_test/src$ git clone https://github.com/ros-perception/
image_pipeline.git
```

图 9-2　启动节点结果示意图

camera_calibration 摄像头标定功能包是 ROS 官方提供的用于单目和双目摄像头标定的功能包，启动标定命令如下：

```
art@art:~/sensor_test/src$ rosrun camera_calibration cameracalibrator.
py image:=/camera/rgb/image_raw camera:=/camera/rgb --size 7x5 --square 0.03
```

启动标定程序结果示意图如图 9-3 所示。

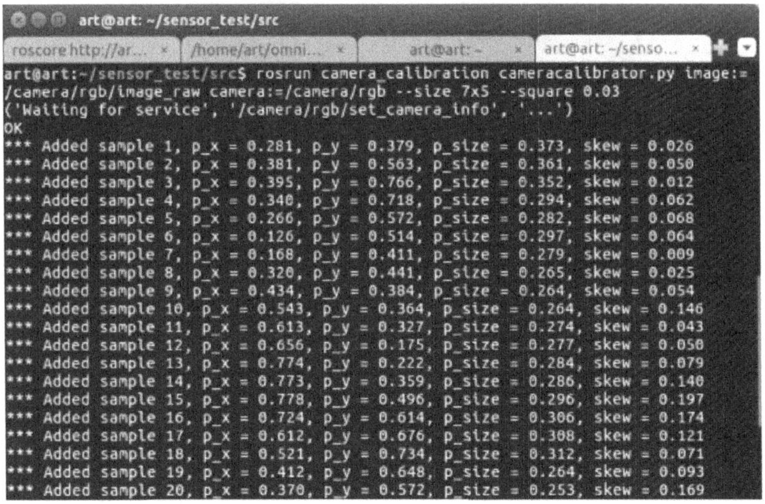

图 9-3　启动标定程序结果示意图

同时摄像头显示界面有彩色线连接特征点，如图 9-4 所示。

图 9-4   摄像头显示界面彩色线连接示意图

标定完成的结果示意图如图 9-5 所示。

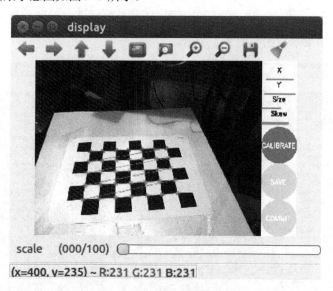

图 9-5   标定完成后的结果示意图

单击 CALIBRATE 按钮，图像变灰（见图 9-6）。

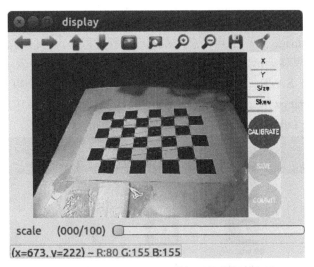

图 9-6　单击 CALIBRATE 按钮后的结果示意图

等待标定时间比较长，最终结果如图 9-7 所示。

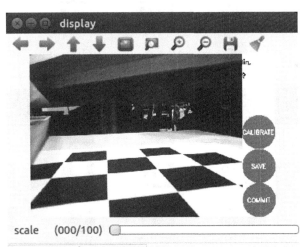

图 9-7　最终结果

单击 SAVE 按钮，结果如图 9-8 所示。

```
('Wrote calibration data to', '/tmp/calibrationdata.tar.gz')
```

图 9-8　单击 SAVE 按钮后的结果

单击 COMMIT 按钮，结束。

调用/camera/rgb/image_raw 节点信息，在程序运行过程中，会自动截取与保存包含标定靶的图像，不断在视野里移动标定靶，直到 CALIBRATE 按钮变色（表示标定程序的参数采集完成），然后依次单击 SAVE、COMMIT 按钮，标定后的标定参数会以 .yaml 文件的形式保存在/tmp/calibrationdata.tar.gz 中。鉴于相机的调用格式问题，将文件解压后放置到/home/art/.ros/camera_info/rgb_Astra_Orbbec.yaml 中。操作步骤示意图如图 9-9 所示。

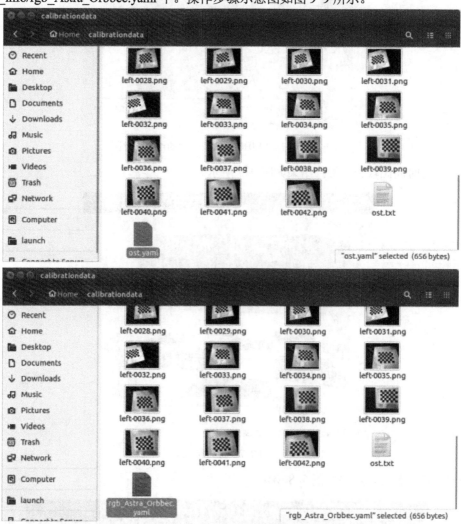

图 9-9　操作步骤示意图

（6）启动标定程序，标定深度摄像头：

```
    $ rosrun camera_calibration cameracalibrator.py --size 7x5 --square
0.03 image:=/camera/ir/image_raw  camera:=/camera/ir
```

参照命令进行对应修改，其中：

（1）size 指的是棋盘格内部角点的行列数（注意：不是棋盘格的行列数，图 9-10 所示棋盘格的行列数为 12、14，而内部角点的行列数是 11、13）。

（2）square 是棋盘格中每个格子的边长（可以自己用尺子量一下）。

（3）image 是图像主题的名称。

深度标定流程和 rgb 标定类似，调用/camera/ir/image_raw 节点信息，获取文件后将文件解压后放置到/home/art/.ros/camera_info/depth_Astra_Orbbec.yaml 中。需要注意的是，打开深度摄像头的同时，红外发射器也会同步开启，但在标定的时候，红外发射器会给标定图像上带来没有必要的散斑，所以标定的时候需要遮住红外发射器。

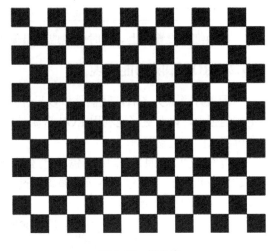

图 9-10　棋盘格

标定过程中使用了两条命令，启动了 astra.launch 和 cameracalibrator.py 两个程序。astra.launch 开启后会发布多种主题，其中包括/camera/ir/image_raw 和/camera/rgb/image_raw；cameracalibrator.py 分别调用以上两个主题里面的信息，进而将其保存为图片，根据图片中棋盘格特征点的位置分布，确定畸变参数值。

3. 标定普通 usb 摄像头

标定普通 usb 摄像头之前需要下载 usb_cam 的驱动包：

```
    art@art:~$ sudo apt-get install ros-kinetic-usb-cam
```

（1）启动 ROS：

```
    $ roscore
```

（2）启动摄像头驱动节点：

```
    $ roslaunch robot_vision usb_cam.launch
```

（3）查看节点是否启动成功：

```
$ rosrun rqt_image_view rqt_image_view
```

（4）打印标定靶。此处使用和 orbbec 摄像头同样的标定靶。

（5）启动标定程序，标定 rgb 摄像头：

```
$ rosrun camera_calibration cameracalibrator.py --size 7x5 --square
0.03 image:=/usb_cam/image_raw  camera:=/usb_cam
```

参数细节设置如上。此时就完成了摄像头的标定。

9.1.2   ROS 跟随功能实现

配置好摄像头之后，我们就可以设计开发摄像头的相关功能了。为了方便大家理解 ROS 生态的强大，以及更好地利用 ROS 资源，本节我们将通过适配 carebot_follower 功能包设计一个机器人的跟随功能。

首先我们按照本书功能包的创建与编译部分讲解的内容，在工作空间中创建好 carebot_follower 功能包，将所需源码通过本书附带的代码库复制进来，carebot_follower 功能包的结构如图 9-11 所示。

图 9-11   carebot_follower 功能包的结构

（1）了解 follower.cpp，并将其修改为适用机器人的代码，如下所示：

```
#include <ros/ros.h>
#include <pluginlib/class_list_macros.h>
#include <nodelet/nodelet.h>
#include <geometry_msgs/Twist.h>
#include <sensor_msgs/Image.h>
#include <visualization_msgs/Marker.h>
#include <carebot_msgs/SetFollowState.h>
#include "dynamic_reconfigure/server.h"
#include "carebot_follower/FollowerConfig.h"
#include <depth_image_proc/depth_traits.h>

namespace carebot_follower
{
//创建 carebot_follower nodelet 构造函数
class TurtlebotFollower : public nodelet::Nodelet
{
public:
  /*!
   * @brief The constructor for the follower.
   * Constructor for the follower.
   */
  TurtlebotFollower() : min_y_(0.1), max_y_(0.5),
                        min_x_(-0.2), max_x_(0.2),
                        max_z_(0.8), goal_z_(0.6),
                        z_scale_(1.0), x_scale_(5.0)
  {

  }

  ~TurtlebotFollower()
  {
    delete config_srv_;
  }

  private:
    double min_y_; /**< The minimum y position of the points in the
box. */
```

```
        double max_y_; /**< The maximum y position of the points in the
box. */
        double min_x_; /**< The minimum x position of the points in the
box. */
        double max_x_; /**< The maximum x position of the points in the
box. */
        double max_z_; /**< The maximum z position of the points in the
box. */
        double goal_z_; /**< The distance away from the robot to hold the
centroid */
        double z_scale_; /**< The scaling factor for translational robot
speed */
        double x_scale_; /**< The scaling factor for rotational robot speed */
        bool  enabled_; /**< Enable/disable following; just prevents motor
commands */

        //功能开启、关闭服务
        ros::ServiceServer switch_srv_;

        //动态配置服务
        dynamic_reconfigure::Server<carebot_follower::FollowerConfig>*config_
srv_;

        virtual void onInit()  //初始化节点的参数和主题
        {
          ros::NodeHandle& nh = getNodeHandle();
          ros::NodeHandle& private_nh = getPrivateNodeHandle();
          //从参数服务器获取设置的参数（在launch文件中设置数值）
          private_nh.getParam("min_y", min_y_);
          private_nh.getParam("max_y", max_y_);
          private_nh.getParam("min_x", min_x_);
          private_nh.getParam("max_x", max_x_);
          private_nh.getParam("max_z", max_z_);
          private_nh.getParam("goal_z", goal_z_);
          private_nh.getParam("z_scale", z_scale_);
          private_nh.getParam("x_scale", x_scale_);
          private_nh.getParam("enabled", enabled_);
        //设置机器人移动的主题（用于机器人移动）：/mobile_base/mobile_base_ controller/
        //cmd_vel（换成我们自己机器人移动的主题）
```

```
            cmdpub_ = private_nh.advertise<geometry_msgs::Twist> ("cmd_vel", 1);
            markerpub_ = private_nh.advertise<visualization_msgs::Marker>
("marker",1);
            bboxpub_ = private_nh.advertise<visualization_msgs::Marker>
("bbox",1);
            sub_ = nh.subscribe<sensor_msgs::Image>("depth/image_rect", 1,&Tur-
tlebotFollower::imagecb, this);

            switch_srv_ = private_nh.advertiseService("change_state",&Turtleb-
otFollower::changeModeSrvCb, this);

            config_srv_ = new dynamic_reconfigure::Server<carebot_follower::
FollowerConfig>(private_nh);
            dynamic_reconfigure::Server<carebot_follower::FollowerConfig>::
CallbackType f =
                boost::bind(&TurtlebotFollower::reconfigure, this, _1, _2);
            config_srv_->setCallback(f);
        }
    //设置默认值，可以在工作空间/devel/include/carebot_follower/FollowerConfig.h 中查看
        void reconfigure(carebot_follower::FollowerConfig &config, uint32_t
level)
        {
          min_y_ = config.min_y;
          max_y_ = config.max_y;
          min_x_ = config.min_x;
          max_x_ = config.max_x;
          max_z_ = config.max_z;
          goal_z_ = config.goal_z;
          z_scale_ = config.z_scale;
          x_scale_ = config.x_scale;
        }

        //找到图像中心框中的点的质心，发布图像目标的 cmd_vel 消息
        void imagecb(const sensor_msgs::ImageConstPtr& depth_msg)
        {

          // 预计算每行、每列的正弦函数
```

```
            uint32_t image_width = depth_msg->width;
            float x_radians_per_pixel = 60.0/57.0/image_width;  //每个像素点弧度
            float sin_pixel_x[image_width];
            for (int x = 0; x < image_width; ++x) { //求出正弦值
              sin_pixel_x[x] = sin((x - image_width/ 2.0)  * x_radians_per_
pixel);
            }

            uint32_t image_height = depth_msg->height;
            float y_radians_per_pixel = 45.0/57.0/image_width;
            float sin_pixel_y[image_height];
            for (int y = 0; y < image_height; ++y) {
              sin_pixel_y[y] = sin((image_height/ 2.0 - y)  * y_radians_per_
pixel);
            }

            float x = 0.0;  //质心的 x、y、z
            float y = 0.0;
            float z = 1e6;
            unsigned int n = 0;  //记录观察到的点数

            //迭代该区域中的所有点，并找到位置的平均值
            const float* depth_row = reinterpret_cast<const float*>(&depth_
msg->data[0]);
            int row_step = depth_msg->step / sizeof(float);
            for (int v = 0; v < (int)depth_msg->height; ++v, depth_row += row_step)
            {
             for (int u = 0; u < (int)depth_msg->width; ++u)
             {
                float depth = depth_image_proc::DepthTraits<float>::toMeters
(depth_row[u]);
                if (!depth_image_proc::DepthTraits<float>::valid(depth) || depth >
max_z_) continue; // 不是有效的深度值或者深度值超出 max_z_
                float y_val = sin_pixel_y[v] * depth;
                float x_val = sin_pixel_x[u] * depth;
                if ( y_val > min_y_ && y_val < max_y_ &&
                    x_val > min_x_ && x_val < max_x_)
```

```
          {
            x += x_val;
            y += y_val;
            z = std::min(z, depth); //approximate depth as forward.
            n++;
          }
        }
      }

//如果获取到点云信息，则找到质心并预测目标移动。如果没有点云，只需要发布停止消息
      if (n>4000)
      {
        x /= n;
        y /= n;
        if(z > max_z_){
          ROS_INFO_THROTTLE(1, "Centroid too far away %f, stopping the
robot", z);
          if (enabled_)
          {
            cmdpub_.publish(geometry_msgs::TwistPtr(new geometry_msgs::
Twist()));
          }
          return;
        }

        ROS_INFO_THROTTLE(1, "Centroid at %f %f %f with %d points", x,
y, z, n);
        publishMarker(x, y, z);

        if (enabled_)
        {
          geometry_msgs::TwistPtr cmd(new geometry_msgs::Twist());
          cmd->linear.x = (z - goal_z_) * z_scale_;
          cmd->angular.z = -x * x_scale_;
          cmdpub_.publish(cmd);
        }
      }
      else
```

```
        {
          ROS_INFO_THROTTLE(1, "Not enough points(%d) detected, stopping the
robot", n);
          publishMarker(x, y, z);

          if (enabled_)
          {
            cmdpub_.publish(geometry_msgs::TwistPtr(new geometry_msgs::
Twist()));
          }
        }

        publishBbox();
      }

      bool changeModeSrvCb(carebot_msgs::SetFollowState::Request& request,
                           carebot_msgs::SetFollowState::Response& response)
      {
        if ((enabled_ == true) && (request.state == request.STOPPED))
        {
          ROS_INFO("Change mode service request: following stopped");
          cmdpub_.publish(geometry_msgs::TwistPtr(new geometry_msgs::
Twist()));
          enabled_ = false;
        }
        else if ((enabled_ == false) && (request.state == request.FOLLOW))
        {
          ROS_INFO("Change mode service request: following (re)started");
          enabled_ = true;
        }

        response.result = response.OK;
        return true;
      }

      void publishMarker(double x,double y,double z) //画一个 Marker 作为质心
      {
        visualization_msgs::Marker marker;
```

```cpp
    marker.header.frame_id = "/camera_rgb_optical_frame";
    marker.header.stamp = ros::Time();
    marker.ns = "my_namespace";
    marker.id = 0;
    marker.type = visualization_msgs::Marker::SPHERE;
    marker.action = visualization_msgs::Marker::ADD;
    marker.pose.position.x = x;
    marker.pose.position.y = y;
    marker.pose.position.z = z;
    marker.pose.orientation.x = 0.0;
    marker.pose.orientation.y = 0.0;
    marker.pose.orientation.z = 0.0;
    marker.pose.orientation.w = 1.0;
    marker.scale.x = 0.2;
    marker.scale.y = 0.2;
    marker.scale.z = 0.2;
    marker.color.a = 1.0;
    marker.color.r = 1.0;
    marker.color.g = 0.0;
    marker.color.b = 0.0;
    //only if using a MESH_RESOURCE marker type:
    markerpub_.publish( marker );
}

void publishBbox() //画一个立方体，这个立方体代表感兴趣区域
{
  double x = (min_x_ + max_x_)/2;
  double y = (min_y_ + max_y_)/2;
  double z = (0 + max_z_)/2;

  double scale_x = (max_x_ - x)*2;
  double scale_y = (max_y_ - y)*2;
  double scale_z = (max_z_ - z)*2;

  visualization_msgs::Marker marker;
  marker.header.frame_id = "/camera_rgb_optical_frame";
  marker.header.stamp = ros::Time();
  marker.ns = "my_namespace";
```

```
      marker.id = 1;
      marker.type = visualization_msgs::Marker::CUBE;
      marker.action = visualization_msgs::Marker::ADD;
      marker.pose.position.x = x; //设置标记物体的姿态
      marker.pose.position.y = -y;
      marker.pose.position.z = z;
      marker.pose.orientation.x = 0.0;
      marker.pose.orientation.y = 0.0;
      marker.pose.orientation.z = 0.0;
      marker.pose.orientation.w = 1.0;
      marker.scale.x = scale_x;   //设置标记物体的尺寸
      marker.scale.y = scale_y;
      marker.scale.z = scale_z;
      marker.color.a = 0.5;
      marker.color.r = 0.0;
      marker.color.g = 1.0;
      marker.color.b = 0.0;
      //only if using a MESH_RESOURCE marker type:
      bboxpub_.publish( marker );
    }

    ros::Subscriber sub_;
    ros::Publisher cmdpub_;
    ros::Publisher markerpub_;
    ros::Publisher bboxpub_;
  };


  PLUGINLIB_EXPORT_CLASS(carebot_follower::TurtlebotFollower, nodelet::
Nodelet)


    }
```

（2）对 follower.launch 文件进行修改，如下所示：

```
  <launch>
  <!-- 启动机器人移动底盘功能节点 -->
  <include file="$(find carebot_bringup)/launch/carebot_bringup.launch" />

  <arg name="simulation" default="false"/>
```

```xml
            <group unless="$(arg simulation)">
              <include file="$(find carebot_follower)/launch/includes/velocity_
smoother.launch.xml">
                <arg name="nodelet_manager" value="/mobile_base_nodelet_manager"/>
                <arg name="navigation_topic" value="/cmd_vel_mux/input/navi"/>
              </include>

              <include file="$(find astra_launch)/launch/astra.launch">  <!-- 启
动机器人摄像头功能节点 -->
                <arg name="rgb_processing"                value="true"/>
                <arg name="depth_processing"              value="true"/>
                <arg name="depth_registered_processing"   value="false"/>
                <arg name="depth_registration"           value="false"/>
                <arg name="disparity_processing"          value="false"/>
                <arg name="disparity_registered_processing" value="false"/>
              </include>
            </group>

            <group if="$(arg simulation)">
              <!-- Load nodelet manager for compatibility -->
              <node pkg="nodelet" type="nodelet" ns="camera" name="camera_nodelet_
manager" args="manager"/>

              <include file="$(find carebot_follower)/launch/includes/velocity_
smoother.launch.xml">
                <arg name="nodelet_manager" value="camera/camera_nodelet_manager"/>
                <arg name="navigation_topic" value="cmd_vel_mux/input/navi"/>
              </include>
            </group>

            <param name="camera/rgb/image_color/compressed/jpeg_quality" value="22"/>

            <!-- Make a slower camera feed available; only required if we use
android client -->
            <node pkg="topic_tools" type="throttle" name="camera_throttle"
                args="messages camera/rgb/image_color/compressed 5"/>

            <include file="$(find carebot_follower)/launch/includes/safety_controller.
launch.xml"/>
```

```
        <!-- Real robot: Load carebot follower into the 3d sensors nodelet
manager to avoid pointcloud serializing -->
        <!-- Simulation: Load carebot follower into nodelet manager for
compatibility -->
        <node pkg="nodelet" type="nodelet" name="carebot_follower"
            args="load carebot_follower/TurtlebotFollower camera/camera_
nodelet_manager">

        <remap from="carebot_follower/cmd_vel" to="cmd_vel" />
        <remap from="depth/points" to="camera/depth/points"/>
        <param name="enabled" value="true" />
        <param name="x_scale" value="7.0" />
        <param name="z_scale" value="2.0" />
        <param name="min_x" value="-0.35" />
        <param name="max_x" value="0.35" />
        <param name="min_y" value="0.1" />
        <param name="max_y" value="0.5" />
        <param name="max_z" value="1.2" />
        <param name="goal_z" value="0.6" />
      </node>

      <node name="switch" pkg="carebot_follower" type="switch.py"/>
    </launch>
```

此时，我们对功能包进行编译，即可启动相应的 launch 文件观察效果。

9.1.3　launch 启动及效果演示

首先打开终端，并输入启动视觉跟随的 roslaunch 命令：

```
art@art:~$ roslaunch carebot_follower follower.launch
```

此时我们站在机器人的正面（摄像头镜头方向），等待识别，识别之后，机器人会随着人的移动而跟随移动。

想要了解摄像头中观察到的内容，可以启动 RViz：

```
art@art:~$ rosrun rviz rviz
```

启动结果如图 9-12 所示。

我们通过 Add 按钮在 RViz 中添加 Marker、Camera、DepthCloud 模块，并设置好相应的主题，如图 9-13 所示。

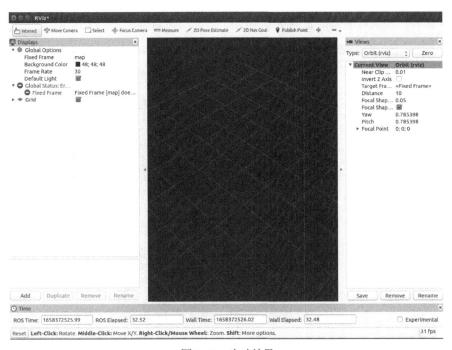

图 9-12　启动结果

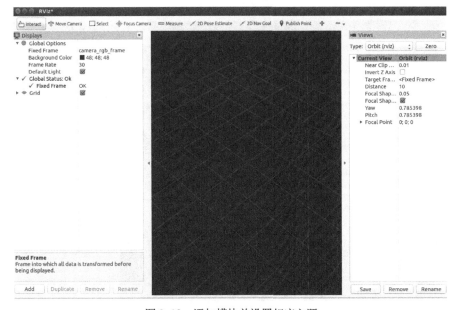

图 9-13　添加模块并设置相应主题

增加 Marker 模块后的结果如图 9-14 所示，此时可以看到标记物体出现。

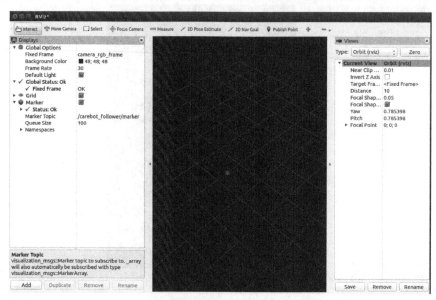

图 9-14　增加 Marker 模块后的结果

添加 Camera 模块后的结果如图 9-15 所示，可以在左下角看到摄像头的信息。

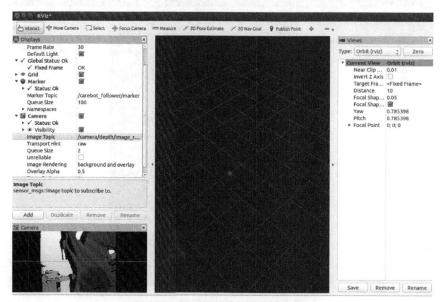

图 9-15　添加 Camera 模块后的结果

添加 DepthCloud 模块后的结果如图 9-16 所示。

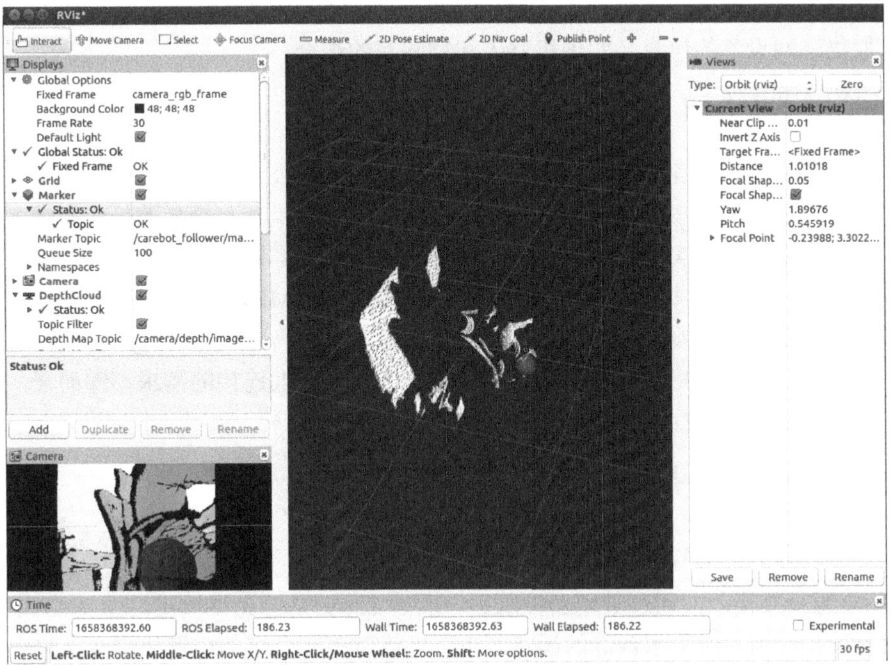

图 9-16　添加 DepthCloud 模块后的结果

　　一定确保 Topic 和 Frame 名称与代码中的一致。此时我们就可以和机器人进行视觉跟随的互动了。当感兴趣区域存在红点时，机器人跟随移动；当感兴趣区域没有红点时，机器人停止跟随，直到出现红点。

9.2　机器人+物联网功能

　　物联网技术的高速发展，让人与物、物与物之间的距离不再遥远，室内代表性的智能家居被广泛应用。通过分布在不同的物联网节点，家居环境变得更加智能化。对于老人或者身体不便的人群来说，可以借助手机、语音识别等方式实现对家居环境的操作。智能机器人技术的诞生，使控制载体变得更加丰富，机器人与物联网智能家居实现互联互通，机器人可以代替老人或者身体不便的人群去执行一些操作。例如，可自由控制家居中的设施（如门、窗、灯等设施）。同时，可实时对环境舒适情况及安全进行监控，对于突发情况，机器人也可按照设置采取适当的措施。例如，当检测到煤气泄漏时，机器人发出指令关闭燃气阀。通过物联网+机器人技术，老人及身体不便人群的生活变得更加便捷。机器人可以实现自主移动后，即可以结合物联网获取更多的环境信息，机器人和物联网的结合必将是未来的方向。本节将介绍如何通过机器人获取物联网设备的信息，实现机器人和物联网的结合。

9.2.1 物联网模块介绍

LoRa 是 LPWAN 通信技术中的一种，是美国 Semtech 公司采用和推广的一种基于扩频技术的超远距离无线传输方案。这一方案改变了以往关于传输距离与功耗的折中考虑方式，为用户提供了一种简单的、能实现远距离通信、长电池寿命、大容量的系统，进而扩展传感网络。目前，LoRa 主要在 ISM 频段运行，主要包括 433MHz、868MHz、915MHz 等。

LoRa 是一种线性调频扩频调制技术，它的全称为远距离无线电，因其传输距离远、低功耗、组网灵活等诸多优势特性都与物联网碎片化、低成本、大连接的需求不谋而合，故而被广泛应用于物联网各个垂直行业。

9.2.2 物联网模块硬件接线

1. 继电器控制模块（见图 9-17）

220V 电源直接接入，通过继电器控制另一面的 220V 是否允许输出。图 9-17 中的方框中的两个白色插孔分别为风扇和台灯的插座，也可以将风扇和台灯的电源线剥开，将火线和零线接入继电器接口。切记注意 220V 用电安全！

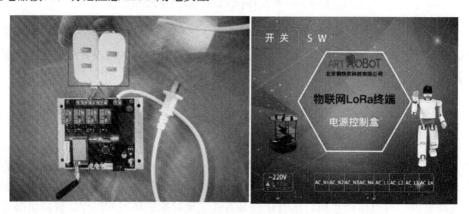

图 9-17　继电器控制模块

2. 环境检测模块（见图 9-18）

通过 5V 适配器电源进行输入，可以获取光照度、温湿度、二氧化碳浓度等数据。

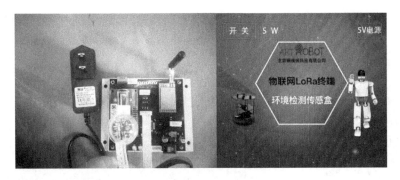

图 9-18　环境检测模块

3．烟雾漏水检测模块（见图 9-19）

烟雾漏水检测模块使用 12V 的电源适配器进行供电，如图 9-19 所示。

图 9-19　烟雾漏水检测模块

烟雾检测器接法：烟雾检测器接入安防检测传感盒，烟雾检测器共有 5 根线，红色为+12V 电源输入，黑色为地线，绿色为公共端，黄色为常闭端，蓝色为常开端，我们需要将红色接入安防检测传感盒的 VCC+12V 口，黑色接入安防检测传感盒的 GND 口，绿色接入 GND 口，蓝色接入 S1 常开，黄色常闭线不接，如图 9-20 所示。

漏水检测器接法：漏水检测器接入安防检测传感盒，漏水检测器共有 5 根线，红色为+12V 电源输入，黑色为地线，绿色为公共端，蓝色为常闭端，白色为常开端，我们需要将红色接入安防检测传感盒的 VCC+12V 口，黑色接入安防检测传感盒的 GND 口，绿色接入 GND 口，白色接入 S1 常开，蓝色常闭线不接入，如图 9-21 所示。

4．窗帘控制模块

窗帘作为智能家居被控模块，我们选用智能家居电动窗帘，它包括了开合帘电机、主传动箱、吊轮、滑车组件、轨道等部分，如图 9-22 所示。

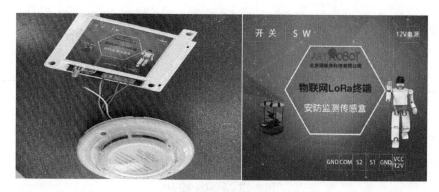

图 9-20   烟雾传感器连接方法

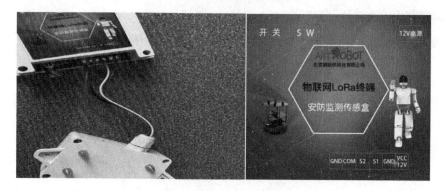

图 9-21   漏水传感器连接方法

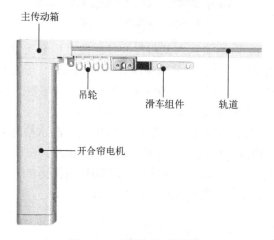

图 9-22   智能家居电动窗帘

　　一般窗帘的电机具有多种控制形式，如图 9-23 所示，此处为了适配物联网接口，采用方式 B，如果读者需要配置窗帘功能，可以选择同样的控制方式。

三种干触点控制方式

智能弱电控制方式A (4线)		智能弱电控制方式B (2线)	
1	公共线 (common)	1	公共线 (common)
1-2	停 (stop)	1.3	合 (close)
1-3	合 (close)	1.4	开 (open)
1-4	开 (open)	1-3-4	停 (stop)

智能弱电控制方式C (3线)					
1	公共线 (common)				
第一次1-2	合 (close)	第二次1-2	停 (stop)	第三次1-2	合 (close)
		第二次1-3	停 (stop)		
第一次1-3	开 (open)	第二次1-2	停 (stop)	第三次1-3	开 (open)
		第二次1-3	停 (stop)		

图 9-23　3 种电机感触点控制方式

窗帘控制模块与窗帘的电机通过 3 根线进行连接，如图 9-24 所示。

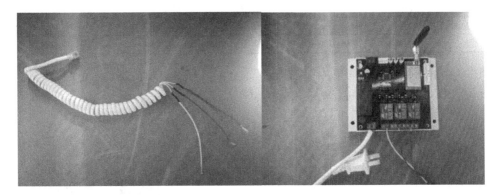

图 9-24　窗帘控制模块与窗帘的电机的接线方法

此时模块的硬件接线就完成了。

9.2.3 物联网模块协议

硬件连接完成之后，我们需要针对硬件模块连接的传感设备设置相应的通信协议。采用串口通信，波特率是 9600，通信协议见表 9-1。

表 9-1　通信协议

帧头	地址	读/写	数据 1	数据 2	数据 3	数据 4	帧尾
0xA5							0x0D 0x0A

帧头：收到 0xA5，表示有数据包到达。

地址：向不同模块发送指令，长度为 1 字节。

读/写：模块进行读指令还是写指令，长度为 1 字节。读指令为 0x01，有返回值；写指令为 0x02，无返回值（读传感器一般用于温湿度、安防等有数据返回来的传感器，写指令主要用以控制继电器、窗帘等模块）。

数据：模块发送、接收的数据，分为 4 组，每组为 4 字节。使用 union 将 float 直接拆解成 char[4]进行传输。

帧尾：收到"0x0D 0x0A"，数据结束。

各传感器的数据格式如表 9-2 所示。

表 9-2　各传感器的数据格式

作用	地址	读/写	数据 1	数据 2	数据 3	数据 4
继电器控制	0x01		继电器 1	继电器 2	继电器 3	继电器 4
传感器组	0x02		光照	温度	湿度	二氧化碳
烟雾漏水检测	0x04		烟雾	漏水		
窗帘控制	0x09					

切记：窗帘控制和继电器为 220V 输入，传感器为 5V 输入，烟雾漏水检测为 12V 输入，接错位置容易将模块烧毁。

9.2.4 机器人+物联网功能实现

协议及硬件完成之后，我们就可以开始进行功能的设计了。首先，我们同样创建物联网模块相应的功能包 iot_modules，详细操作过程此处就不再赘述，图 9-25 为 iot_modules 功能包的树形结构。后续我们将依托此部分功能与机器人实

图 9-25　iot_modules 功能包的树形结构

现互动，功能包源码可在北京钢铁侠科技有限公司官网查看。

　　针对物联网功能与机器人互动，我们设计了一个智能家居场景进行实现，如图 9-26 所示。

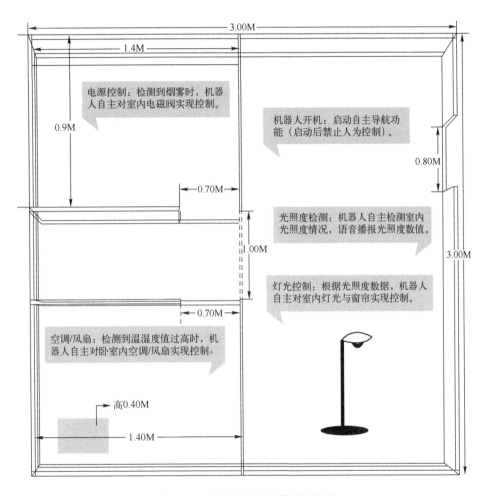

图 9-26　ROS 机器人与物联网场景

　　智能家居场景呈现在缩小的智能家居环境中，在家居环境中尽量还原家居实景，包含起居室、卧室、厨房、客厅等功能区域，并配有常用地灯、风扇、电动窗帘等设备。情景尽量还原真实的家居使用场景，机器人会在不同区域完成和物联网的互动。

智能家居场景的功能实现如表 9-3 所示。

表 9-3　智能家居场景的功能实现

序号	类别	项目	预期效果
1	客厅	机器人开机	机器人开机，启动自主导航功能（启动后禁止人为控制）
		光照度检测	机器人自主检测室内的光照度情况，语音播报光照度数值
		灯光控制	根据光照度数据，机器人自主对室内灯光与窗帘实现控制
2	卧室	环境值检测	机器人自主检测卧室内的温湿度情况，语音播报温湿度数值
		空调/风扇	检测到温湿度值过高时，机器人自主对卧室内的空调/风扇实现控制
3	厨房	二氧化碳	机器人自主检测室内的二氧化碳情况，语音播报二氧化碳状况
		电源控制	检测到烟雾时，机器人自主对室内的电磁阀实现控制

9.2.5　launch 启动及效果演示

功能包配置完成同时将物联网模块连接好后，就可以开始调试了。首先打开终端，输入 roslaunch 命令：

```
roslaunch iot_modules speak_IOT.launch
```

通过 rostopic 命令发布一个位置信息，此位置与小车多点导航所记录的位置一致，如下命令中的 2 表示小车在第 2 个位置时物联网模块所发布的消息：

```
rostopic pub /IOT_cmd iot_modules/IOTnet 2
```

此时会播报小车移动到第 2 个位置时物联网采集到的数据。

现在关闭刚刚的两个测试节点，重启导航步骤：

```
roslaunch carebot_navigation amcl_ls01d_lidar.launch
```

如图 9-27 所示，启动机器人与物联网联调功能。

同时在桌面上会打开 RViz 窗口，加载机器人和地图信息，如图 9-28 所示。

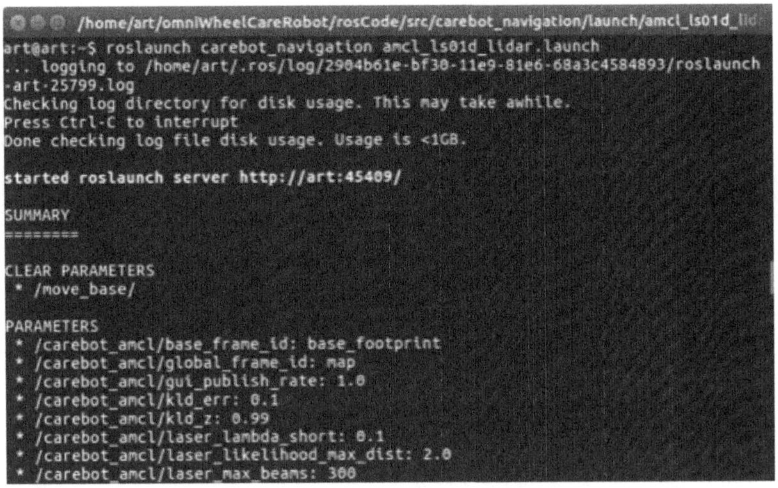

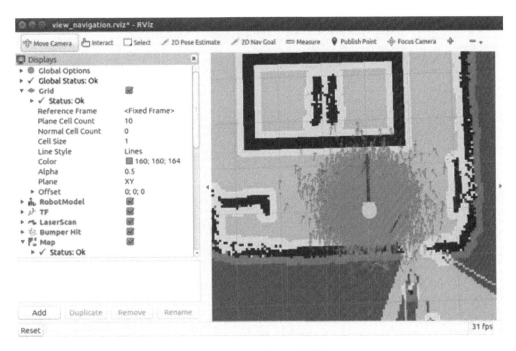

图 9-27　启动机器人与物联网联调功能

图 9-28　RViz 窗口（地图）

此时需要开启多个导航节点，在 nodes 文件夹下面，执行./position_nav.py 文件，如图 9-29 所示。此节点主要完成机器人在室内的多区域巡逻功能，以便可以让机器人不断检测室内环境。

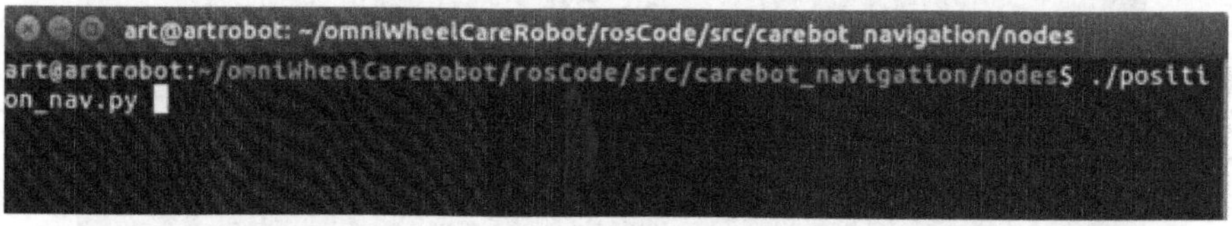

图 9-29　启动多点导航节点

　　此时我们在地图上只需标注小车的初始位置即可，小车将按照预先设定的位置开始多点导航，到达指定位置之后会播报指定位置物联网模块接收到的数据信息。

## 第 10 章

ROS2 简介

2007 年，ROS1（ROS）作为 Willow Garage PR2 机器人的开发环境而诞生，目标是为用户提供使用 PR2 进行项目开发所需的软件工具，经过 16 年的发展，ROS1 在机器人领域得到了广泛的应用：无人驾驶机器人、仿人形机器人、工业机械臂、无人机、服务机器人、助老机器人等，机器人已经走进人们的日常生活。

ROS1 虽然功能强大，但是其自身存在局限性，在使用中暴露出不少问题，于是 ROS2 诞生了。本章主要围绕如下内容进行讲解：

（1）什么是 ROS2？它与 ROS1 有什么区别？

（2）ROS2 安装与测试。

（3）ROS2 基本命令。

（4）ROS2 通信模式。

（5）ROS2 与 ROS1 桥接。

10.1 从 ROS1 到 ROS2

ROS1 自 2007 年发布以来，为机器人社区提供了一套相对完善的中间层、工具、软件，以及通用的接口和标准，可以说，凭借 ROS1，机器人工业领域的开发者能够快速开发系统原型并测试和验证。自动驾驶本质上是机器人研究的一个应用领域，在产品原型快速开发的过程中也通常会采用 ROS1。

如今 ROS1 原来的功能设计已经不能满足海量应用对于某些性能（如实时性、安全性、嵌入式移植等）的需求，ROS2 即在这样的背景下被设计和开发。

如果说 ROS1 为科研和原型开发提供了很好的生态，那么 ROS2 属于实际产品部署环境的开发架构和相应工具链。

10.1.1　ROS1 的局限性

前面讲到 ROS1 设计的初衷是为 PR2 机器人提供开发环境和项目开发所需的工具，这种研发的初衷导致其架构存在一些缺陷，开发者针对这些缺陷做出了一些应对措施，但仍然无法从根本上解决。

（1）实时性：ROS1 通信基于 TCP 实现，架构中缺少实时性的设计，在一些实时性要求高的领域无法满足开发要求。

（2）网络需求：ROS1 需要大带宽且稳定的网络连接以保证分布式机制数据传输的可靠性，同时数据传输缺少加密机制，安全性低。

（3）编程语言：ROS1 的核心是针对 C++03，并且不在其 API 中使用 C++11 功能。对 Python 的支持上，ROS1 的定位是 Python2。

（4）平台兼容性：ROS1 对 Linux 系统特别是 Ubuntu 系统具有较好的兼容性，但是在其他系统（如 Window、macOS 等）中功能受限甚至无法使用，增加了开发难度，局限性极大。

（5）多机协同：多机协同是目前机器人研究领域的一大热门，但是原生的 ROS1 仅支持单机器人系统，没有构建多机器人系统的规范方法。

（6）通信机制：ROS1 各节点之间的通信是通过 master 进行管理的，一旦 master 出现异常，整个系统会崩溃，稳定性差。

（7）技术成果转化：ROS1 目前较多应用于科研领域，因其稳定性差导致从基础研究到消费产品的转化过程比较困难。

10.1.2　ROS2 对 ROS1 的改进

相对于 ROS1，ROS2 在设计时充分考虑到了产品环境下的一些局限性，ROS2 在以下方面做了改进：

（1）支持多机器人：ROS2 摒弃了 ROS1 中 master-slave 架构，采用更加先进的分布式架构，增加了对多机器人协同工作的支持。

（2）支持实时性：底层基于数据分发服务（Data Distribution Service，DDS）的通信机制，提高机器人控制的时效性和可靠性。

（3）跨平台支持：ROS2 支持的系统包括 Linux、Windows、Mac、RTOS 等，甚至是单片机等没有操作系统的裸机。

（4）编程语言：ROS2 广泛使用 C++11，并使用 C++14 中的部分部件。将来，ROS2 可能会使用 C++17，同时也支持 Python3.5 及以上版本。

（5）技术成果转化：ROS2 不但可以在科研领域应用，在机器人从研究到应用的转化过程中也具有良好表现，可实现搭载 ROS2 的机器人市场化。

10.2　ROS2 系统架构

ROS2 吸收了 ROS1 的设计经验，提出了基于数据分发服务的新架构，与 ROS1 比有较大的变化，ROS2 的系统架构如图 10-1 所示，从下到上依次为操作系统层、中间件层、应用层。

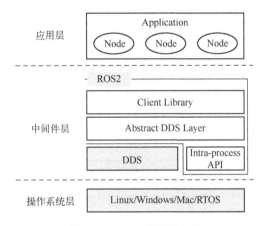

图 10-1　ROS2 的系统架构

（1）操作系统层：ROS2 支持多种操作系统，包括 Linux、Windows、RTOS 等，甚至可以在没有操作系统的裸机上运行。

（2）中间件层：ROS2 使用了 DDS 的通信机制，不再使用 ROS1 的 master 节点。DDS 是一种应用于实时系统数据发布/订阅的标准。DDS 使用了与 ROS1 类似的点到点的通信模式，但是前者不再借助 master 来完成节点通信，这使系统拥有更高的灵活性，不再受 master 异常的干扰。目前 DDS 被广泛应用于国防、民航、银行、基础设施等领域。同时，ROS2 提出了进程内部处理接口（Intra-process），为同一进程中的多个节点提供更优化的数据传输方式。Intra-process 与 DDS 相互独立。

（3）应用层：应用层是 ROS2 的节点层，使用 Discovery 机制取代 master。

10.3 ROS2 安装

ROS2 从 2015 年第一个版本发布到 2021 年 7 月已经发布了 11 个版本，本文以最新长期支持版本 Foxy Fitzroy 为例进行安装操作的讲解。

10.3.1 ROS2 在 Ubuntu 上安装

（1）设置编码。确保系统支持 UTF-8 编码：

```
$ sudo locale-gen en_US en_US.UTF-8
$ sudo update-locale LC_ALL=en_US.UTF-8 LANG=en_US.UTF-8
$ export LANG=en_US.UTF-8
```

（2）添加 ROS2 软件源。将 ROS2 apt 存储库添加到当前系统中。首先设置密钥：

```
$ sudo apt update && sudo apt install curl gnupg2 lsb-release
$ sudo curl -s https://raw.githubusercontent.com/ros/rosdistro/master/
ros.asc | sudo apt-key add -
```

然后将软件源加到源列表中：

```
$ sudo sh -c 'echo "deb [arch=$(dpkg --print-architecture)] http://
packages.ros.org/ros2/ubuntu $(lsb_release -cs) main" > /etc/ apt/sources. list.d/
ros2-latest.list'
```

（3）更新源：

```
$ sudo apt update
```

（4）推荐安装 ROS2 桌面版本（包括 ROS、RViz、demos、tutorials）：

```
$ sudo apt install ros-foxy-desktop
```

（5）设置环境变量：

```
$ echo "source /opt/ros/foxy/setup.bash" >> ~/.bashrc
$ source ~/.bashrc
```

（6）安装 python3-argcomplete：

```
$ sudo apt install python3-argcomplete
```

（7）安装 ROS Middleware（简称 RMW）implementation：

```
$ sudo apt update
$ sudo apt install ros-foxy-rmw-connext-cpp
```

（8）配置 RMW。DDS 是 ROS2 的重要组成部分，ROS2 默认使用的 RMW 是 Fast RTPS，可通过设置环境变量将默认 RMW 修改：

```
RMW_IMPLEMENTATION=rmw_connext_cpp
```

（9）卸载 ROS2：

```
$ sudo apt remove ros-foxy-*
$ sudo apt autoremove
```

10.3.2　Ubuntu ROS2 测试

ROS2 安装完成后我们需要验证一下其是否安装成功，可以通过如下命令进行测试（见图 10-2）：

```
$ ros2 run demo_nodes_cpp talker
$ ros2 run demo_nodes_cpp listener
```

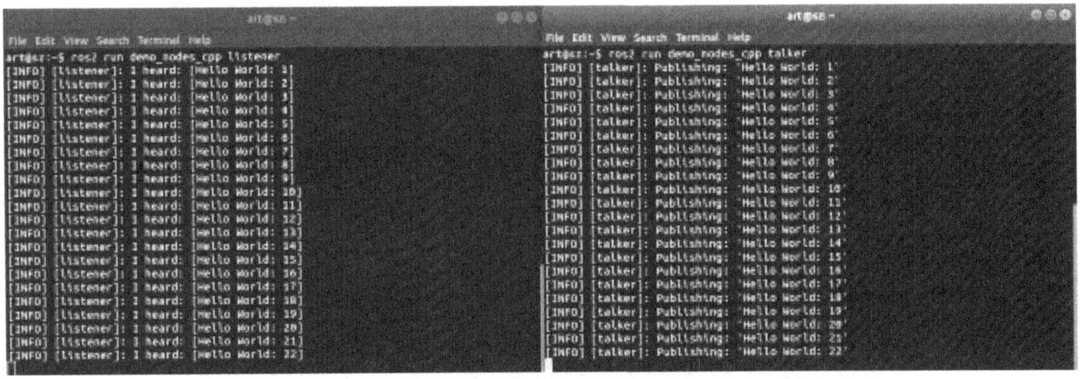

图 10-2　ROS2 安装完成测试

10.4　ROS2 通信

在机器人操作系统中，通信是核心。本节将重点介绍 ROS2 中的通信机制——分布式通信机制，主要包含节点（Node）、主题（Topic）、服务（Service）、动作（Action），以及一些基本操作。

10.4.1 节点

同 ROS1 一样，节点就是一系列执行运算任务的进程，它利用 ROS2 的通信网络与其他节点进行通信。ROS2 中的每一个节点对应相应的功能，如控制车轮电机、获取激光雷达数据等，节点之间通过主题、服务、动作或者参数实现数据的交互。

一个完整的机器人系统由许多协同工作的节点组成，如图 10-3 所示。

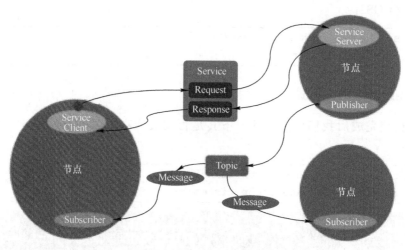

图 10-3 机器人系统节点图

以 10.3 节 ROS2 安装测试为例，查看当前系统启动的节点情况：

```
ros2 node list
```

执行以下终端命令后可以看见当前系统中有两个节点在运行，如图 10-4 所示。

图 10-4 当前系统节点运行情况

10.4.2 主题

ROS2 将复杂的系统分解为许多模块化的节点，而这些节点之间的数据交换就是通过主题完成的。节点可以发布任意数量的主题，同时也可以订阅任意数量的主题。

ROS2 主题的发布与订阅如图 10-5 所示。

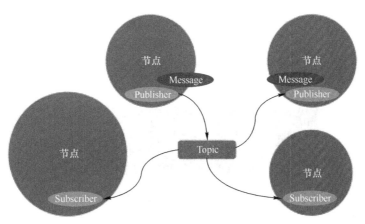

图 10-5　ROS2 主题的发布与订阅

通过小乌龟案例查看节点图，打开终端并运行如下命令：

```
ros2 run turtlesim turtlesim_node
```

在新终端运行如下命令：

```
ros2 run turtlesim turtle_teleop_key
```

本例中我们通过 rqt_graph 查看节点之间的联系，在新终端运行如下命令：

```
rqt_graph
```

与 ROS1 中一样，从图 10-6 中可以看到两节点之间的联系，该图描述了节点间如何通过主题进行通信，以及如何通过主题发布和接收小乌龟运动控制指令。

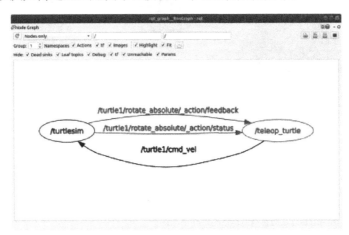

图 10-6　节点通信

通过中断命令查看 ROS2 中活跃的主题列表：

```
ros2 topic list
```

系统中活跃的主题列表如图 10-7 所示。

图 10-7　系统中活跃的主题列表

10.4.3　服务

服务是 ROS2 中节点的另一种通信方式。与主题的发布者-订阅者模型不同，服务基于请求和应答模型。虽然主题允许节点订阅数据流并获得持续更新，但服务仅在客户端发出请求时才提供数据，客户端发送请求，服务端完成处理后反馈应答，通信只会交互一次数据，不像主题是周期性发送数据的。

ROS2 服务模型如图 10-8 所示。

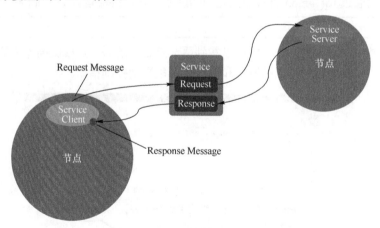

图 10-8　ROS2 服务模型

我们还是以小乌龟的例子来讲解 ROS2 服务：

```
ros2 run turtlesim turtlesim_node
ros2 run turtlesim turtle_teleop_key
```

使用终端命令查看系统中所有活跃的服务及其类型列表：

```
ros2 service list -t
```

当前系统的服务列表如图 10-9 所示。

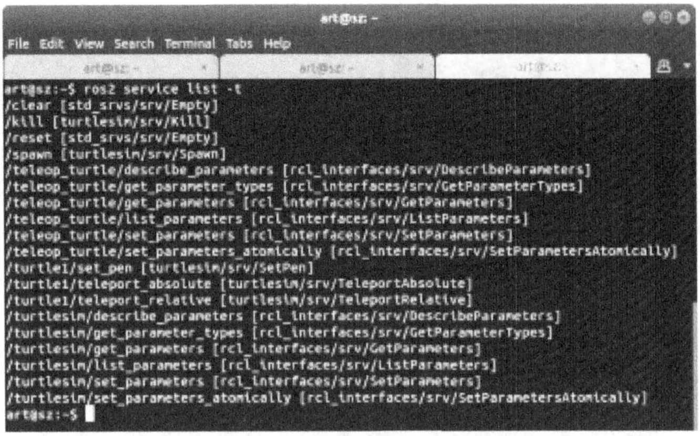

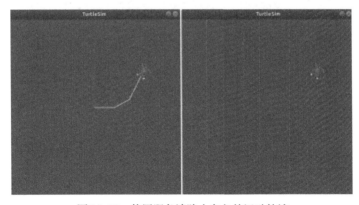

图 10-9　当前系统的服务列表

知道活跃的服务列表及其对应的服务类型，下面使用终端命令发送服务请求：

```
ros2 service call <service_name> <service_type> <arguments>
```

<arguments>部分是可选的，如 Empty 类型的服务就没有任何参数：

```
ros2 service call /clear std_srvs/srv/Empty
```

该服务请求用于清除小乌龟的运动轨迹，如图 10-10 所示。

图 10-10　使用服务清除小乌龟的运动轨迹

上面例子中服务请求没有使用参数，下面我们使用带参数的服务请求生成一只新乌龟：

```
    ros2 service call /spawn turtlesim/srv/Spawn "{x: 2, y: 2, theta:
0.2, name: 'turtle2'}"
```

执行以上命令后，终端中的显示如图 10-11 所示。

```
art@sz:~$ ros2 service call /spawn turtlesim/srv/Spawn "{x: 2, y: 2, theta: 0.2, name:
  'turtle2'}"
waiting for service to become available...
requester: making request: turtlesim.srv.Spawn_Request(x=2.0, y=2.0, theta=0.2, name='
turtle2')

response:
turtlesim.srv.Spawn_Response(name='turtle2')
```

图 10-11　终端中的显示

如图 10-12 所示，TurtleSim 窗口中会在坐标（2，2）的位置处生成一只名为"turtle2"的小乌龟，theta 定义小乌龟"turtle2"的旋转角度。

图 10-12　使用服务生成小乌龟

10.4.4　参数

（1）启动乌龟节点：

```
ros2 run turtlesim turtlesim_node
ros2 run turtlesim turtle_teleop_key
```

（2）ROS2 查看系统参数列表。使用以下终端命令查看系统的参数列表：

```
ros2 param list
```

ROS2 中每个节点都拥有各自的参数列表（见图 10-13）。

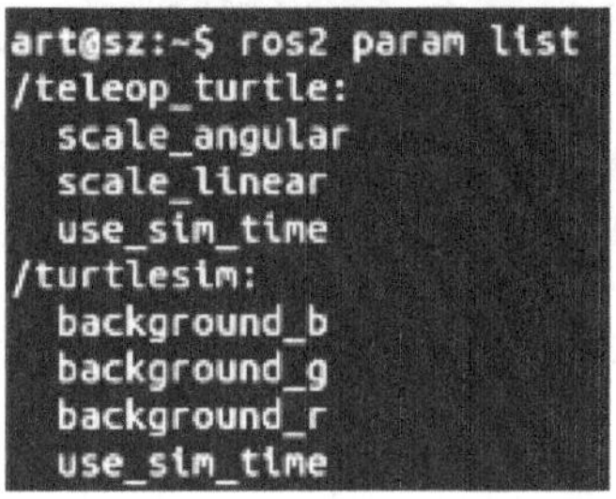

图 10-13　参数列表

（3）ROS2 获取参数值。要想获取参数的类型和当前值，可使用以下命令：

```
ros2 param get <node_name> <parameter_name>
```

例如，我们想获得小乌龟界面背景颜色 r、g、b 中的 g 值（见图 10-14）：

```
ros2 param get /turtlesim background_g
```

图 10-14　获取小乌龟界面背景颜色 r、g、b 中的 g 值

同理，可通过命令获得 r 和 b 的值，如图 10-15 所示。

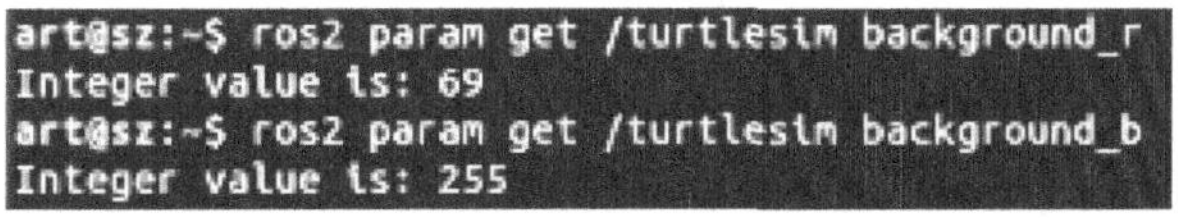

图 10-15　获取小乌龟界面背景颜色 r、g、b 中的 r 值和 b 值

（4）ROS2 设置参数值。前面我们通过终端命令获取当前系统的参数值，同样也可通过以下终端命令设置系统的参数值：

```
ros2 param set <node_name> <parameter_name> <value>
```

例如，我们更改小乌龟界面的背景色（见图 10-16）：

```
ros2 param set /turtlesim background_r 200
```

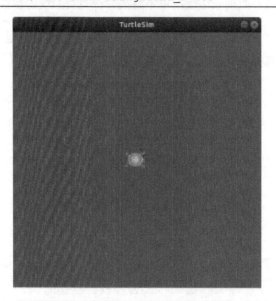

图 10-16　更改小乌龟界面的背景色

（5）ROS2 参数存储。前面设置的参数值只能在当前启动的节点中使用，重新启用节点后参数失效，我们通过以下终端命令保存设置的参数，以便后期使用：

```
ros2 param dump <node_name>
```

例如，使用以下命令保存当前配置的参数：

```
ros2 param dump /turtlesim
```

终端返回参数保存位置的提示：

```
Saving to: ./turtlesim.yaml
```

找到保存的文件并打开，内容如下：

```
turtlesim:
  ros__parameters:
    background_b: 255
    background_g: 86
    background_r: 200
    use_sim_time: false
```

（6）ROS2 参数加载。参数文件加载方式如下：

```
ros2 param load <node_name> <parameter_file>
```

前面我们将参数文件进行了保存，通过以下命令将生成的文件进行加载：

```
ros2 param load /turtlesim ./turtlesim.yaml
```

（7）节点启动时加载参数文件。停止正在运行的 turtlesim 节点，重新启动，同时加载参数，同样可以改变小乌龟界面的背景：

```
ros2 run turtlesim turtlesim_node --ros-args --params-file ./ turtlesim.yaml
```

10.4.5　基本操作

本节我们将介绍一下 ROS2 常用的终端命令及其作用，详细内容见表 10-1。

表 10-1　ROS2 常用的终端命令

终端命令	作用
ros2 node info <node_name>	查看节点详细信息，返回节点中订阅者、发布者、服务、操作服务器和操作客户端的列表
ros2 node list	查看当前活动的节点列表
ros2 action info <action_name>	查看动作信息
ros2 msg show <data_name>	查看消息数据结构
ros2 run <package_name> <executable_name>	启动节点
ros2 pkg executables <package_name>	列出包里的可执行文件
rqt_graph	可视化节点和主题之间的连接
ros2 topic info <topic_name>	查看主题消息类型、发布者和订阅者数量
ros2 topic pub <topic_name> <data_type> <data>	通过命令发布主题消息
ros2 topic hz <topic_name>	实时显示当前主题平均发布频率
ros2 service type <service_name>	查看服务类型

终端命令	作用
ros2 bag record <topic_name>	记录指定主题的数据
ros2 bag info <topic_name>	查看数据包信息
ros2 bag play <bag_name>	回放数据包信息

表 10-1 是一些常用终端命令的介绍。当然，ROS2 中的终端命令还有很多，在这里就不一一介绍了。

10.5 ROS2 编程

前面我们介绍了 ROS2 的基本特性及常用操作，对 ROS2 有了初步的了解，本节我们将重点以主题通信为例介绍一下 ROS2 编程。

10.5.1 工作空间

ROS2 中的工作空间与 ROS1 一样，是我们在 ROS 中开发具体项目的空间，所有功能包的源码、配置、编译都在该空间下完成。根据习惯，每个项目创建一个独立的工作空间，工作空间的名字是随机的，在这里我们以 ros2_ws 为例创建一个工作空间：

```
mkdir -p ~/ros2_ws/src
cd ~/ros2_ws/src
```

其中，src 文件夹用来存放功能包。

为了便于学习，我们先下载一个功能包进行编译，下载前确保当前终端路径为 ~/ros2_ws/src，下载命令如下：

```
git clone https://github.com/ros/ros_tutorials.git -b foxy-devel
```

下载完成后，src 文件夹下会出现一个名为"ros_tutorials"的功能包，ros_tutorials 中的内容如图 10-17 所示。

图 10-17 ros_tutorials 中的内容

功能包有了，编译之前需要解决功能包的依赖问题。依赖项可在每个包根目录下的 package.xml 中查看，如果缺少依赖项，在编译功能包时会报错，在 ~/ros2_ws/ 路径下执行如下终端命令可安装依赖项：

```
rosdep install -i --from-path src --rosdistro foxy -y
```

依赖项安装成功之后对功能包进行编译：

```
cd ~/ros2_ws
colcon build
```

10.5.2　ROS2 功能包

最简单的功能包结构如下：

```
my_package/
    CMakeLists.txt
    package.xml
```

10.5.1 节我们创建了名为"ros2_ws"的工作空间，下面我们在这个工作空间下创建功能包：

```
ros2 pkg create --build-type ament_cmake demo_package --dependencies
rclcpp example_interfaces
```

执行完以上命令后，我们创建了名为"demo_package"的功能包，参数"--dependencies"的后面是该功能包的依赖项，执行效果如图 10-18 所示。

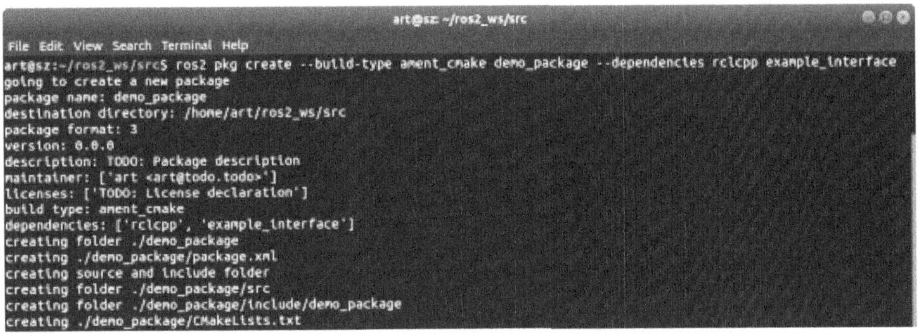

图 10-18　创建功能包

demo_package 功能包中的内容如图 10-19 所示。

通过以下终端命令编译刚才构建的功能包：

```
colcon build --packages-select demo_package
```

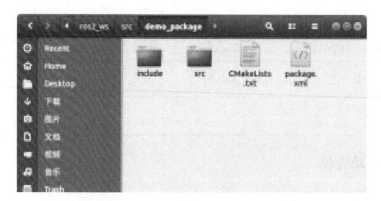

图 10-19　demo_package 功能包中的内容

10.5.3　发布者和订阅者

前面讲了如何创建工作空间和功能包，本节我们将通过一个简单的 C++案例来讲解 ROS2 主题通信编程。

1．创建发布者

首先我们在之前创建的功能包 demo_package 中创建发布者节点文件 publisher.cpp：

```
cd ~/ros2_ws/demo_package/src
touch publisher.cpp
```

发布者节点文件中的内容如下：

```
#include <chrono>
#include <functional>
#include <memory>
#include <string>
#include "rclcpp/rclcpp.hpp"
#include "std_msgs/msg/string.hpp"

using namespace std::chrono_literals;
class MinimalPublisher : public rclcpp::Node
{
  public:
    MinimalPublisher()
    : Node("minimal_publisher"), count_(0)
```

```
            {
              publisher_ = this->create_publisher<std_msgs::msg::String>("topic",
10);
              timer_ = this->create_wall_timer(
              500ms, std::bind(&MinimalPublisher::timer_callback, this));
            }

          private:
            void timer_callback()
            {
              auto message = std_msgs::msg::String();
              message.data = "Hello, world! " + std::to_string(count_++);
              RCLCPP_INFO(this->get_logger(), "Publishing: '%s'", message. data.
c_str());
              publisher_->publish(message);
            }
            rclcpp::TimerBase::SharedPtr timer_;
            rclcpp::Publisher<std_msgs::msg::String>::SharedPtr publisher_;
            size_t count_;
        };

        int main(int argc, char * argv[])
        {
          rclcpp::init(argc, argv);
          rclcpp::spin(std::make_shared<MinimalPublisher>());
          rclcpp::shutdown();
          return 0;
        }
```

下面我们对代码进行解析。

1）头文件部分。

包含 ROS2 编译所需要的各种头文件，其中特别注意 rclcpp/rclcpp.hpp 是 ROS2 中用到的 C++标准头文件，使用 C++编程必须包含该头文件：

```
        #include <chrono>
        #include <functional>
        #include <memory>
        #include <string>
        #include "rclcpp/rclcpp.hpp"
```

```
#include "std_msgs/msg/string.hpp"
using namespace std::chrono_literals;
```

2）节点类

创建一个名为"MinimalPublisher"的节点类，公有继承自 rclcpp::Node：

```
class MinimalPublisher : public rclcpp::Node
```

通过构造函数对变量和节点名进行初始化，在构造函数内部创建名为"topic"、类型为 std_msgs::msg::String 的发布者，同时创建定时器 timer_，每 500ms 调用一次回调函数 timer_callback()：

```
public:
  MinimalPublisher()
  : Node("minimal_publisher"), count_(0)
  {
    publisher_ = this->create_publisher<std_msgs::msg::String>("topic",
10);
    timer_ = this->create_wall_timer(
    500ms, std::bind(&MinimalPublisher::timer_callback, this));
  }
```

timer_callback()为回调函数，每次调用会发布一次消息，消息内容为"Hello, world!"加一个数值，同时通过 RCLCPP_INFO 打印该消息内容，RCLCPP_INFO 与 ROS1 中 ROS_INFO 的功能相似：

```
Private:
  void timer_callback()
  {
    auto message = std_msgs::msg::String();
    message.data = "Hello, world! " + std::to_string(count_++);
    RCLCPP_INFO(this->get_logger(), "Publishing: '%s'", message. data.c_
str());
    publisher_->publish(message);
  }
```

计时器、发布者和计数声明如下：

```
rclcpp::TimerBase::SharedPtr timer_;
rclcpp::Publisher<std_msgs::msg::String>::SharedPtr publisher_;
```

```
      size_t count_;
```

3）主函数部分

最后是 main 函数，先初始化 ROS2 节点，然后使用 rclcpp::spin 创建 MinimalPublisher：

```
      int main(int argc, char * argv[])
      {
        rclcpp::init(argc, argv);
        rclcpp::spin(std::make_shared<MinimalPublisher>());
        rclcpp::shutdown();
        return 0;
      }
```

2. 创建订阅者

在 demo_package 功能包中创建订阅者节点文件 subscriber.cpp，该文件中的内容如下：

```
      #include <memory>
      #include "rclcpp/rclcpp.hpp"
      #include "std_msgs/msg/string.hpp"
      using std::placeholders::_1;

      class MinimalSubscriber : public rclcpp::Node
      {
        public:
          MinimalSubscriber()
          : Node("minimal_subscriber")
          {
            subscription_ = this->create_subscription<std_msgs::msg::
      String>(
            "topic", 10, std::bind(&MinimalSubscriber::topic_callback, this,
      _1));
          }

          private:
            void topic_callback(const std_msgs::msg::String::SharedPtr msg)
      const
            {
```

```
            RCLCPP_INFO(this->get_logger(), "I heard: '%s'", msg-> data.
c_str());
        }
        rclcpp::Subscription<std_msgs::msg::String>::SharedPtr subscription_;
    };

    int main(int argc, char * argv[])
    {
      rclcpp::init(argc, argv);
      rclcpp::spin(std::make_shared<MinimalSubscriber>());
      rclcpp::shutdown();
      return 0;
    }
```

订阅节点与发布节点的代码几乎相同，我们重点解析其中几个片段。

初始化订阅节点名为"minimal_subscriber"，并在构造函数中创建主题名为"topic"的订阅者，订阅的消息类型为 std_msgs::msg::String，同 ROS1 中一样，订阅者与发布者的主题名、消息类型是一致的：

```
    public:
      MinimalSubscriber()
      : Node("minimal_subscriber")
      {
        subscription_ = this->create_subscription<std_msgs::msg::String>(
        "topic", 10, std::bind(&MinimalSubscriber::topic_callback, this,
_1));
      }
```

回调函数接收 std_msgs::msg::String 类型的消息后直接通过 RCLCPP_INFO 打印：

```
    private:
      void topic_callback(const std_msgs::msg::String::SharedPtr msg) const
      {
        RCLCPP_INFO(this->get_logger(), "I heard: '%s'", msg->data. c_str());
      }
      rclcpp::Subscription<std_msgs::msg::String>::SharedPtr subscription_;
```

3. 依赖项

代码部分讲完了，下面我们解析一下功能包的依赖项，package.xml 文件中的内容如下：

```xml
<?xml version="1.0"?>
<?xml-model href="http://download.ros.org/schema/package_format3. xsd"
schematypens="http://www.w3.org/2001/XMLSchema"?>
<package format="3">
  <name>demo_package</name>
  <version>0.0.0</version>
<!-- 基础信息  -->
  <description>TODO: Package description</description>
  <maintainer email="art@todo.todo">art</maintainer>
  <license>TODO: License declaration</license>
<!-- 在 ament_cmake 后面添加功能包的依赖项  -->
  <buildtool_depend>ament_cmake</buildtool_depend>
  <depend>rclcpp</depend>
  <depend>std_msgs</depend>
  <test_depend>ament_lint_auto</test_depend>
  <test_depend>ament_lint_common</test_depend>
  <export>
    <build_type>ament_cmake</build_type>
  </export>
</package>
```

4. 编译规则

在 CMakeLists.txt 文件中设置编译规则，内容如下：

```cmake
cmake_minimum_required(VERSION 3.5)
project(demo_package)
#默认 C++14
if(NOT CMAKE_CXX_STANDARD)
  set(CMAKE_CXX_STANDARD 14)
endif()
if(CMAKE_COMPILER_IS_GNUCXX OR CMAKE_CXX_COMPILER_ID MATCHES "Clang")
  add_compile_options(-Wall -Wextra -Wpedantic)
endif()
#引入外部依赖包
find_package(ament_cmake REQUIRED)
find_package(rclcpp REQUIRED)
```

```
find_package(std_msgs REQUIRED)
#设置发布者和订阅者编译规则
add_executable(talker src/publisher.cpp)
ament_target_dependencies(talker rclcpp std_msgs)
add_executable(listener src/subscriber.cpp)
ament_target_dependencies(listener rclcpp std_msgs)
#设置安装规则，以便启动时找到该可执行文件
install(TARGETS
  talker
  listener
  DESTINATION lib/${PROJECT_NAME})
ament_package()
```

5. 编译运行

（1）在工作空间 ros2_ws 路径下运行如下终端命令，安装依赖项：

```
rosdep install -i --from-path src --rosdistro foxy -y
```

（2）使用以下终端命令编译 demo_package 功能包：

```
colcon build --packages-select demo_package
```

（3）使用以下终端命令设置环境变量：

```
source ~/ros2_ws/install/setup.bash
```

或者：

```
. install/setup.bash
```

（4）使用以下终端命令运行节点：

```
ros2 run cpp_pubsub listener
ros2 run cpp_pubsub talker
```

发布者与订阅者的运行效果如图 10-20 所示。

10.5.4　编写简单的服务和客户端节点

本节我们将在 C++中实现 ROS2 服务通信方式的编写，关于 ROS2 服务通信模型我们在之前做过介绍，本节不再赘述。

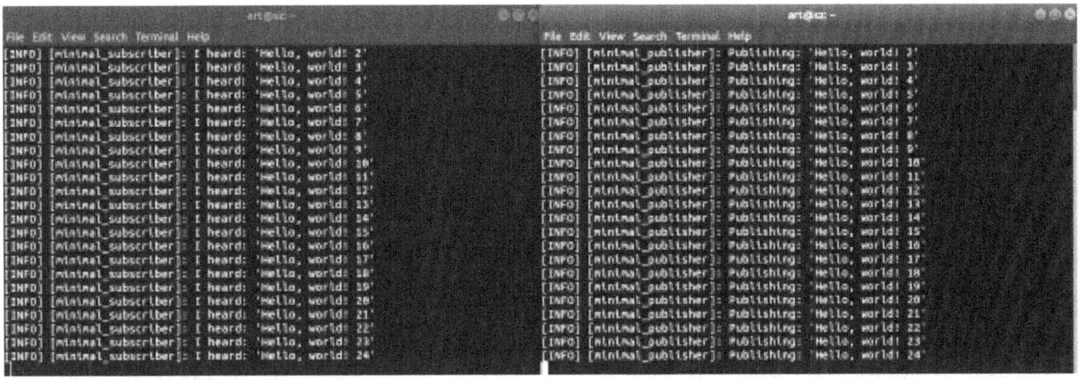

图 10-20　发布者与订阅者的运行效果

1. 创建服务节点

在 demo_package 功能包中创建 server.cpp 文件，并将以下代码粘贴到其中：

```cpp
#include "rclcpp/rclcpp.hpp"
#include "example_interfaces/srv/add_two_ints.hpp"
#include <memory>

void add(const std::shared_ptr<example_interfaces::srv::AddTwoInts::Request> request,
         std::shared_ptr<example_interfaces::srv::AddTwoInts::Response> response)
{
  response->sum = request->a + request->b;
  RCLCPP_INFO(rclcpp::get_logger("rclcpp"), "Incoming request\na: %ld" " b: %ld",
              request->a, request->b);
  RCLCPP_INFO(rclcpp::get_logger("rclcpp"), "sending back response: [%ld]", (long int)response->sum);
}

int main(int argc, char **argv)
{
  rclcpp::init(argc, argv);
  std::shared_ptr<rclcpp::Node> node = rclcpp::Node::make_shared ("add_two_ints_server");
```

```
        rclcpp::Service<example_interfaces::srv::AddTwoInts>::SharedPtr service =
        node->create_service<example_interfaces::srv::AddTwoInts> ("add_two_ints",
&add);
        RCLCPP_INFO(rclcpp::get_logger("rclcpp"), "Ready to add two ints.");
        rclcpp::spin(node);
        rclcpp::shutdown();
    }
```

下面我们对程序进行解析。

1）头文件部分

rclcpp/rclcpp.hpp 是 ROS2 中用到的 C++标准头文件，example_interfaces/srv/add_two_ints.hpp 是我们本节用到的服务类型的头文件，memory 存储访问头文件：

```
    #include "rclcpp/rclcpp.hpp"
    #include "example_interfaces/srv/add_two_ints.hpp"
    #include <memory>
```

2）回调函数部分

add()函数从请求中获取两个整数，并将总和反馈给请求，同时使用日志通知控制台其状态：

```
    void add(const std::shared_ptr<example_interfaces::srv::AddTwoInts::
Request> request,
            std::shared_ptr<example_interfaces::srv::AddTwoInts::Response>
    response)
    {
        response->sum = request->a + request->b;
        RCLCPP_INFO(rclcpp::get_logger("rclcpp"), "Incoming request\
na: %ld" " b: %ld",
                    request->a, request->b);
        RCLCPP_INFO(rclcpp::get_logger("rclcpp"), "sending back response: [%ld]",
(long int)response->sum);
    }
```

3）主函数部分

初始化 ROS2 C++客户端库，并且创建一个名为"add_two_ints_server"的节点：

```
    rclcpp::init(argc, argv);
    std::shared_ptr<rclcpp::Node> node = rclcpp::Node::make_shared("add_
two_ints_server");
```

创建一个名为"add_two_ints"的服务，并注册回调函数 add()：

```
      rclcpp::Service<example_interfaces::srv::AddTwoInts>::SharedPtr
service =
      node->create_service<example_interfaces::srv::AddTwoInts>("add_
two_ints", &add);
```

准备就绪，打印日志消息，并循环等待服务请求，进入回调函数：

```
      RCLCPP_INFO(rclcpp::get_logger("rclcpp"), "Ready to add two ints.");
      rclcpp::spin(node);
```

2. 创建客户端节点

在 demo_package/src 路径下创建一个 client.cpp 文件，该文件中的内容如下：

```
      #include "rclcpp/rclcpp.hpp"
      #include "example_interfaces/srv/add_two_ints.hpp"
      #include <chrono>
      #include <cstdlib>
      #include <memory>
      using namespace std::chrono_literals;

      int main(int argc, char **argv)
      {
        rclcpp::init(argc, argv);
        if (argc != 3) {
            RCLCPP_INFO(rclcpp::get_logger("rclcpp"), "usage: add_two_ ints_
client X Y");
            return 1;
        }
        std::shared_ptr<rclcpp::Node> node = rclcpp::Node::make_shared("add_
two_ints_client");
        rclcpp::Client<example_interfaces::srv::AddTwoInts>::SharedPtr client =
          node->create_client<example_interfaces::srv::AddTwoInts>("add_two_
ints");
        auto request = std::make_shared<example_interfaces::srv::AddTwoInts::
Request>();
        request->a = atoll(argv[1]);
        request->b = atoll(argv[2]);
```

```
       while (!client->wait_for_service(1s)) {
         if (!rclcpp::ok()) {
           RCLCPP_ERROR(rclcpp::get_logger("rclcpp"), "Interrupted while
waiting for the service. Exiting.");
             return 0;
         }
         RCLCPP_INFO(rclcpp::get_logger("rclcpp"), "service not available,
waiting again...");
       }

       auto result = client->async_send_request(request);
       if (rclcpp::spin_until_future_complete(node, result) ==
         rclcpp::executor::FutureReturnCode::SUCCESS)
       {
         RCLCPP_INFO(rclcpp::get_logger("rclcpp"), "Sum: %ld", result. get()->
sum);
       } else {
         RCLCPP_ERROR(rclcpp::get_logger("rclcpp"), "Failed to call service
add_two_ints");
       }
       rclcpp::shutdown();
       return 0;
     }
```

与服务节点类似，我们重点解析其中几个片段。

（1）创建一个名为"add_two_ints_client"的节点，然后为该节点创建客户端：

```
       std::shared_ptr<rclcpp::Node> node = rclcpp::Node::make_shared
("add_two_ints_client");
       rclcpp::Client<example_interfaces::srv::AddTwoInts>::SharedPtr client =
         node->create_client<example_interfaces::srv::AddTwoInts>("add_two_
ints");
```

（2）创建请求，其结构根据 AddTwoInts 确定：

```
       auto request = std::make_shared<example_interfaces::srv::AddTwoInts::
Request>();
       request->a = atoll(argv[1]);
       request->b = atoll(argv[2]);
```

3. 添加可执行文件

打开 CMakeLists.txt 文件，在该文件中添加如下内容：

```
find_package(example_interfaces REQUIRED)

add_executable(server src/add_two_ints_server.cpp)
ament_target_dependencies(server
  rclcpp example_interfaces)

add_executable(client src/add_two_ints_client.cpp)
ament_target_dependencies(client
  rclcpp example_interfaces)
install(TARGETS
  server
  client
  DESTINATION lib/${PROJECT_NAME})
```

4. 编译和运行

编译 demo_package 功能包：

```
colcon build --packages-select demo_package
```

依次运行服务和客户端：

```
ros2 run demo_package server
ros2 run demo_package client 11 55
```

ROS2 服务和客户端的运行效果如图 10-21 所示。

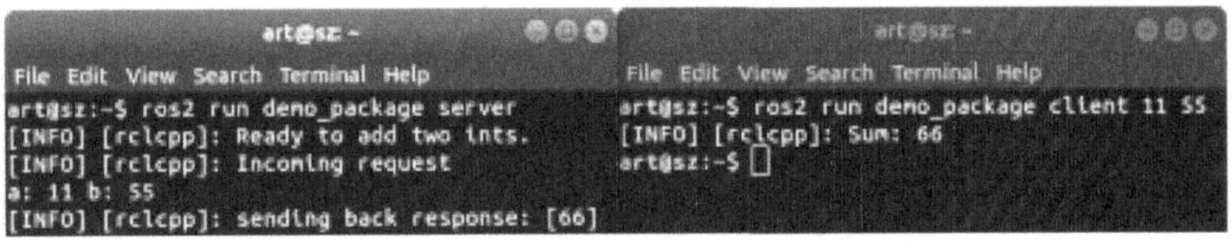

图 10-21 ROS2 服务和客户端的运行效果

10.5.5 创建 ROS2 消息和服务类型

跟 ROS1 一样，ROS2 中的主题和服务数据类型也是可以自定义的，且两者自定义的消息类型的方式完全相同，本节我们的目标是创建自己的消息和服务数据类型。

（1）创建一个名为"tutorial_interfaces"的功能包：

```
ros2 pkg create --build-type ament_cmake tutorial_interfaces
```

在 tutorial_interfaces 根目录下创建 msg 和 srv 文件夹：

```
mkdir msg
mkdir srv
```

（2）msg 定义。在 msg 目录下创建 Num.msg 文件，声明其数据结构如下：

```
int64 num
```

该自定义消息用于传输一个名为"num"的 int64 类型的数据。

（3）srv 定义。在创建的 srv 路径下创建 AddThreeInts.srv 文件，声明其数据结构如下：

```
int64 a
int64 b
int64 c
---
int64 sum
```

该自定义服务请求 a、b、c 三个 int64 数据，返回 sum。

（4）CMakeLists.txt 中的配置如下：

```
find_package(rosidl_default_generators REQUIRED)
rosidl_generate_interfaces(${PROJECT_NAME}
  "msg/Num.msg"
  "srv/AddThreeInts.srv"
 )
```

rosidl_default_generators 功能包不仅可以针对主题消息生成相应的代码，也可以根据服务消息产生相应的代码，需要在 CMakeLists.txt 的 find_package 中添加 rosidl_default_generators 功能包，同时将 msg 和 srv 文件夹下对应的自定义类型文件添加到 CMakeLists.txt 中。功能包编译成功后会生成相应的头文件，其他 ROS2 功能包可以查找到该接口。

（5）查看生成的接口。前面我们成功编译了消息和服务类型，下面我们使用终端命令查看我们生成的数据类型：

```
ros2 msg show tutorial_interfaces/msg/Num
```

终端相应返回图 10-22 中所示的内容。

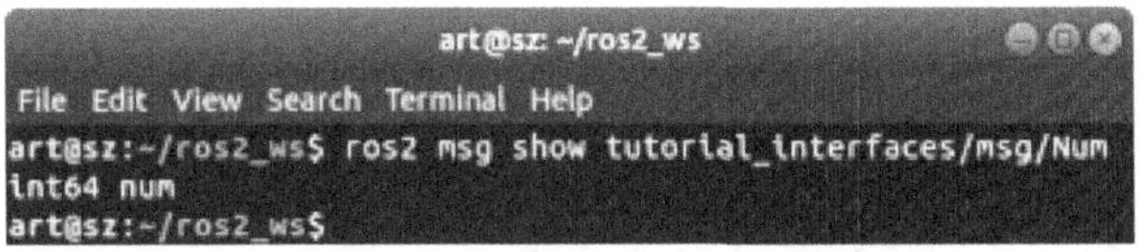

图 10-22　终端相应返回的内容（自定义消息类型）

使用如下终端命令：

```
ros2 srv show tutorial_interfaces/srv/AddThreeInts
```

终端相应返回图 10-23 中所示的内容。

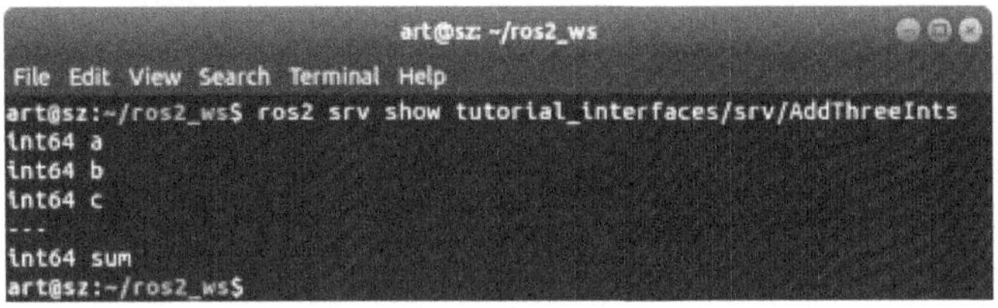

图 10-23　终端相应返回的内容（自定义服务类型）

（6）测试新接口。测试源码包见本书 cpp_pubsub_srvcli 功能包，发布者源码 cpp_ pubsub_srvcli/src/publisher_member_function.cpp 中的详细内容如下：

```cpp
#include <chrono>
#include <memory>
#include "rclcpp/rclcpp.hpp"
#include "tutorial_interfaces/msg/num.hpp"
using namespace std::chrono_literals;
class MinimalPublisher : public rclcpp::Node
{
public:
  MinimalPublisher()
  : Node("minimal_publisher"), count_(0)
  {
    publisher_ = this->create_publisher<tutorial_interfaces::msg:: Num>
("topic", 10);
    timer_ = this->create_wall_timer(
      500ms, std::bind(&MinimalPublisher::timer_callback, this));
  }
private:
```

```
        void timer_callback()
        {
          auto message = tutorial_interfaces::msg::Num();
          message.num = this->count_++;
          RCLCPP_INFO(this->get_logger(), "Publishing: '%d'", message. num);
          publisher_->publish(message);
        }
        rclcpp::TimerBase::SharedPtr timer_;
        rclcpp::Publisher<tutorial_interfaces::msg::Num>::SharedPtr publisher_;
        size_t count_;
      };
      int main(int argc, char * argv[])
      {
        rclcpp::init(argc, argv);
        rclcpp::spin(std::make_shared<MinimalPublisher>());
        rclcpp::shutdown();
        return 0;
      }
```

订阅者源码 cpp_pubsub_srvcli/src/subscriber_member_function.cpp 中的详细内容如下：

```
      #include <memory>
      #include "rclcpp/rclcpp.hpp"
      #include "tutorial_interfaces/msg/num.hpp"
      using std::placeholders::_1;
      class MinimalSubscriber : public rclcpp::Node
      {
      public:
        MinimalSubscriber()
        : Node("minimal_subscriber")
        {
          subscription_ = this->create_subscription<tutorial_interfaces:: msg::
Num>(
            "topic", 10, std::bind(&MinimalSubscriber::topic_callback, this, _1));
        }
      private:
        void topic_callback(const tutorial_interfaces::msg::Num::SharedPtr
msg) const
```

```
      {
        RCLCPP_INFO(this->get_logger(), "I heard: '%d'", msg->num);
      }
      rclcpp::Subscription<tutorial_interfaces::msg::Num>::SharedPtr subs-
cription_;
    };
    int main(int argc, char * argv[])
    {
      rclcpp::init(argc, argv);
      rclcpp::spin(std::make_shared<MinimalSubscriber>());
      rclcpp::shutdown();
      return 0;
    }
```

在 CMakeLists.txt 文件中添加如下配置:

```
    find_package(ament_cmake REQUIRED)
    find_package(rclcpp REQUIRED)
    find_package(tutorial_interfaces REQUIRED)
    add_executable(talker src/publisher_member_function.cpp)
    ament_target_dependencies(talker rclcpp tutorial_interfaces)
    add_executable(listener src/subscriber_member_function.cpp)
    ament_target_dependencies(listener rclcpp tutorial_interfaces)
    install(TARGETS
      talker
      listener
      DESTINATION lib/${PROJECT_NAME})
    ament_package()
```

在 package.xml 文件中添加依赖项:

```
    <depend>tutorial_interfaces</depend>
```

在工作空间根目录下编译功能包,编译成功后运行发布者和订阅者节点:

```
    ros2 run cpp_pubsub_srvcli talker
    ros2 run cpp_pubsub_srvcli listener
```

终端显示效果如图 10-24 所示。

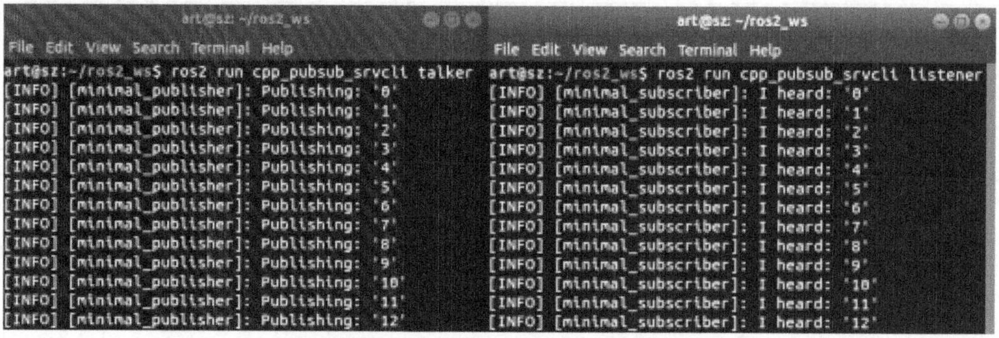

图 10-24 终端显示效果（自定义消息使用）

服务端源码 cpp_pubsub_srvcli/add_two_ints_server.cpp 中的内容如下：

```
#include "rclcpp/rclcpp.hpp"
#include "tutorial_interfaces/srv/add_three_ints.hpp"
#include <memory>
void add(const std::shared_ptr<tutorial_interfaces::srv::AddThreeInts::
Request> request,
        std::shared_ptr<tutorial_interfaces::srv::AddThreeInts::Response>
response)
{
  response->sum = request->a + request->b + request->c;
  RCLCPP_INFO(rclcpp::get_logger("rclcpp"), "Incoming request\na: %ld" " b:
%ld" " c: %ld",
          request->a, request->b, request->c);
  RCLCPP_INFO(rclcpp::get_logger("rclcpp"), "sending back response: [%ld]",
(long int)response->sum);
}
int main(int argc, char **argv)
{
  rclcpp::init(argc, argv);
  std::shared_ptr<rclcpp::Node> node = rclcpp::Node::make_shared("add_
three_ints_server");
  rclcpp::Service<tutorial_interfaces::srv::AddThreeInts>::SharedPtr
service =
      node->create_service<tutorial_interfaces::srv::AddThreeInts> ("add_
three_ints", &add);
  RCLCPP_INFO(rclcpp::get_logger("rclcpp"), "Ready to add three ints.");
```

```
    rclcpp::spin(node);
    rclcpp::shutdown();
}
```

客户端源码 cpp_pubsub_srvcli/add_two_ints_client.cpp 中的内容如下：

```cpp
#include "rclcpp/rclcpp.hpp"
#include "tutorial_interfaces/srv/add_three_ints.hpp"
#include <chrono>
#include <cstdlib>
#include <memory>
using namespace std::chrono_literals;
int main(int argc, char **argv)
{
  rclcpp::init(argc, argv);
  if (argc != 4) {
      RCLCPP_INFO(rclcpp::get_logger("rclcpp"), "usage: add_three_ints_
client X Y Z");
      return 1;
  }
  std::shared_ptr<rclcpp::Node> node = rclcpp::Node::make_shared("add_
three_ints_client");
  rclcpp::Client<tutorial_interfaces::srv::AddThreeInts>::SharedPtr
client =
      node->create_client<tutorial_interfaces::srv::AddThreeInts>
("add_three_ints");
  auto request = std::make_shared<tutorial_interfaces::srv::AddThreeInts::
Request>();
  request->a = atoll(argv[1]);
  request->b = atoll(argv[2]);
  request->c = atoll(argv[3]);
  while (!client->wait_for_service(1s)) {
    if (!rclcpp::ok()) {
      RCLCPP_ERROR(rclcpp::get_logger("rclcpp"), "Interrupted while
waiting for the service. Exiting.");
        return 0;
    }
    RCLCPP_INFO(rclcpp::get_logger("rclcpp"), "service not available,
waiting again...");
```

```
        }
        auto result = client->async_send_request(request);
        if (rclcpp::spin_until_future_complete(node, result) ==
          rclcpp::executor::FutureReturnCode::SUCCESS)
        {
          RCLCPP_INFO(rclcpp::get_logger("rclcpp"), "Sum: %ld", result. get()
->sum);
        } else {
          RCLCPP_ERROR(rclcpp::get_logger("rclcpp"), "Failed to call service
add_three_ints");
        }
        rclcpp::shutdown();
        return 0;
      }
```

在 CMakeLists.txt 文件中添加如下配置：

```
add_executable(server src/add_two_ints_server.cpp)
ament_target_dependencies(server
  rclcpp tutorial_interfaces)
add_executable(client src/add_two_ints_client.cpp)
ament_target_dependencies(client
  rclcpp tutorial_interfaces)
install(TARGETS
  server
  client
  DESTINATION lib/${PROJECT_NAME})
```

编译成功后运行服务端和客户端节点：

```
ros2 run cpp_pubsub_srvcli server
ros2 run cpp_pubsub_srvcli 11 22 33
```

终端显示效果如图 10-25 所示。

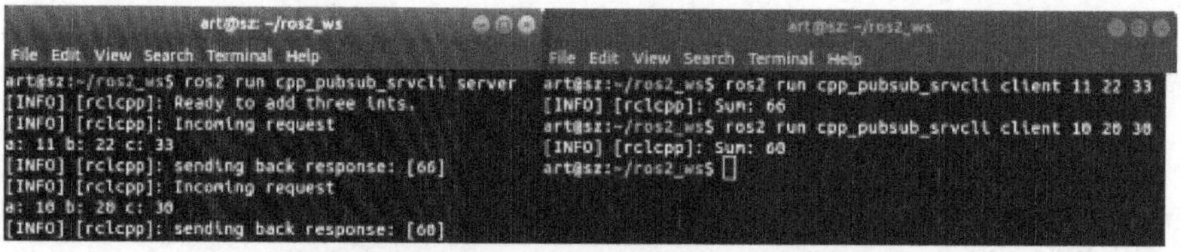

图 10-25 终端显示效果（自定义服务使用）

10.6　ROS1 和 ROS2 之间的桥接通信

　　前面几节我们对 ROS2 的一些内容进行了讲解，到这里大家可能产生这样的疑问：ROS2 与 ROS1 是什么关系？ROS2 是否会取代 ROS1？如果两者共存能否协同工作？

　　ROS2 目前依然处于发展阶段，未来很长一段时间内依然与 ROS1 共存。由于 ROS2 与 ROS1 软件架构存在差异，而我们在实际开发中存在同时需要 ROS2 节点与 ROS1 节点的情况，我们本节的主要内容是讲解 ROS1 与 ROS2 之间的通信纽带——ros1_bridge 功能包。

10.6.1　ros1_bridge 功能包

　　如图 10-26 所示，ROS2 与 ROS1 的桥接主要通过 ros1_bridge 功能包实现。

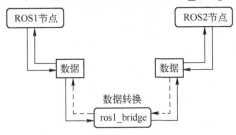

图 10-26　ROS2 与 ROS1 桥接的实现

　　ros1_bridge 功能包的主要节点如下。

　　（1）dynamic_bridge：在算法层面实现了 ROS2 与 ROS1 之间联系的创建和删除，并创建了联系更新的方式。

　　（2）static_bridge：定义 ROS2 与 ROS1 之间的同类型主题，并完成信息传递。

　　（3）parameter_bridge：对比 ROS1 与 ROS2 之间的主题是否一致，如果一致，则尝试建立通信关系。

　　（4）simple_bridge：主要用来进行参数的传递。

10.6.2　ros1_bridge 之主题通信

　　我们以小海龟键盘控制为例介绍一下 ros1_bridge 功能包在主题通信中的应用，启动如下终端命令：

```
roscore
ros2 run ros1_bridge dynamic_bridge
rosrun turtlesim turtlesim_node
ros2 run turtlesim turtle_teleop_key
```

终端启动效果如图 10-27 所示。

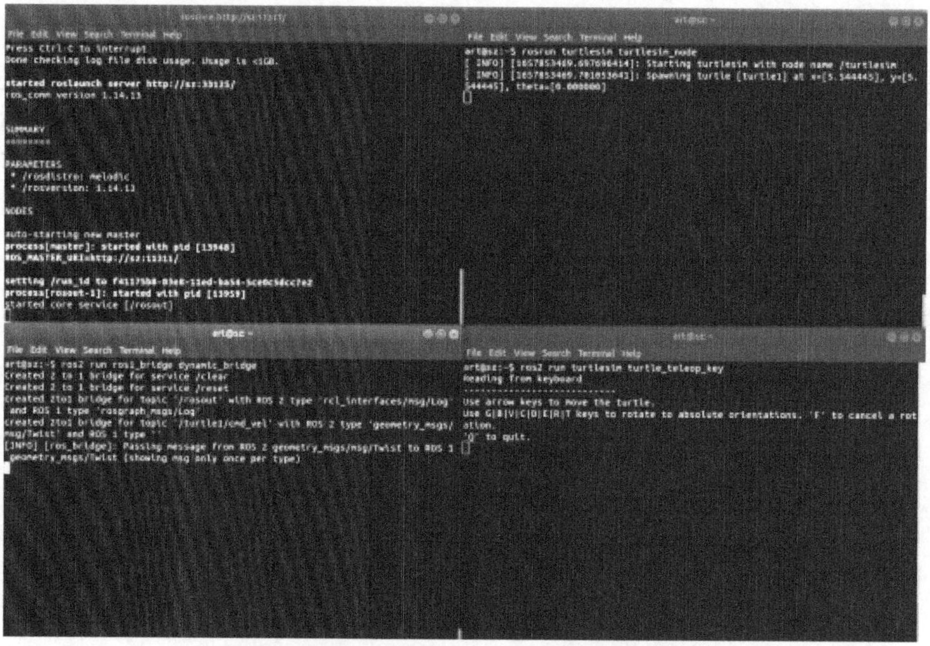

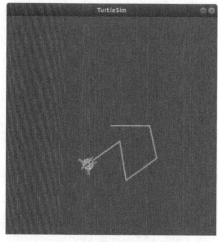

图 10-27　终端启动效果（ros1_bridge 之主题通信）

上述终端命令启动后，通过键盘↑、←、↓、→按键控制小海龟运动，小海龟的运动效果如图 10-28 所示。

图 10-28　小海龟的运动效果

10.6.3　ros1_bridge 之服务通信

本节我们将学习 ros1_bridge 功能包在服务通信中的应用，终端命令如下：

```
roscore
ros2 run ros1_bridge dynamic_bridge
rosrun roscpp_tutorials add_two_ints_server
ros2 run demo_nodes_cpp add_two_ints_client
```

终端运行效果如图 10-29 所示。

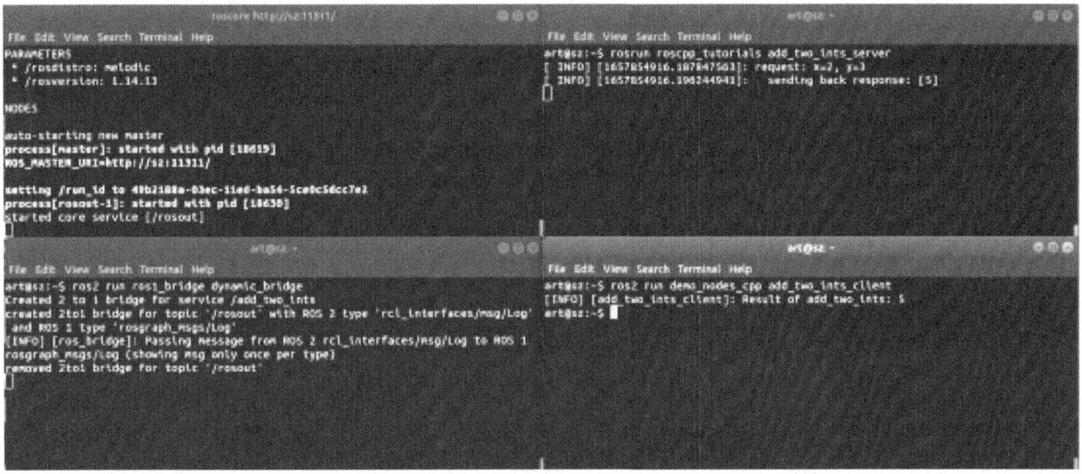

图 10-29　终端运行效果

## 第 11 章

交叉编译器

11.1　GNU toolchain 介绍

　　GNU toolchain 是我们在 Linux 系统上从源代码生成机器码所需要的一系列工具。GNU toolchain 能处理的源代码有 C、C++、Fortran、Ada、Java（运用 gcj 编译器前端将 Java 源程序编译成汇编码而非 Java 虚拟机执行的中间代码），以及 Go。其能生成的机器码有.o 目标文件、.a 静态库、.so 动态库（相当于 Windows 上的.dll 文件），以及无后缀名的可执行文件（相当于 Windows 上的.exe 文件）。处理源代码生成汇编码的前端存在于 GNU 的 gcc 项目中，而处理汇编码生成机器码的后端存在于 GNU 的 binutils 项目中。

11.1.1　gcc 和 g++

　　gcc 和 g++是 GNU gcc 项目中最主要的两个编译器前端，分别用于编译 C 和 C++源代码。执行以下命令预处理 src.c 生成预处理后文件 src.i：

```
gcc -E src.c -o src.i
```

这一步所做的是展开宏定义，处理条件预编译和处理 "#include" 预编译命令等。执行以下命令编译 src.i 生成汇编代码 src.s：

```
gcc -S src.i -o src.s
```

至此，gcc 本身的工作全部完成。然而，gcc 可以调用汇编和链接工具，执行以下命令汇编
src.s 生成目标机器码 src.o（实际上进行此项工作的命令将在下一小节呈现）：

```
gcc -c src.s -o src.o
```

其实以上 3 步（预处理、编译和汇编）可以合成一步：

```
gcc -c src.c -o src.o
```

为了最终生成可执行文件，接下来的一步是链接。执行以下命令生成可执行文件 exec：

```
gcc src.o -o exec
```

如果源代码分布在多个.c 文件中，分别编译它们得到多个.o 文件。在这一步我们链接多个.o 文
件，如下：

```
gcc src.o src1.o src2.o -o exec
```

若我们在代码中有#include <pthread.h>或#include <SDL.h>，即我们的程序需要调用系统动态库
lpthread.so 或 lSDL.so（它们一般存在于/usr/lib/下），则我们需要这样链接：

```
gcc src.o src1.o src2.o -lpthread -lSDL -o exec
```

以此类推，我们的 exec 程序可以调用其他的系统动态库（实际上进行此项工作的命令也将在
下一小节呈现）。

　　将本小节各命令中的 gcc 换为 g++、.c 换为.cpp，即针对 C++源代码时的操作。

11.1.2　as、ld 和 ar

　　as 和 ld 是 GNU binutils 项目中最重要的汇编器和链接器。在上一小节里的汇编那一
步中，gcc 其实调用了 as 执行了如下的命令：

```
as src.s -o src.o
```

在上一小节里的链接步骤中实际上是 ld 在做如下的链接工作：

```
ld /lib64/crti.o /lib64/crtn.o /lib64/crt1.o src.o src1.o src2.o -I
/lib64/ld-linux-x86-64.so.2 -lc -lpthread -lSDL -o exec
```

其中，/lib64/crti.o、/lib64/crtn.o、/lib64/crt1.o（静态链接 C 目标文件）、-I/lib64/ld-linux-x86-
64.so.2（指定 ELF 解释器）和-lc（动态链接 C 库 libc.so）隐含于 gcc 对 ld 的调用，而在此我

们要写明它们。

ar 用于将多个目标文件归档入单个静态库，以下命令创建包含 src.o、src1.o 和 src2.o 三个目标文件且名为 "libtest.a" 的静态库：

```
ar rcs libtest.a src.o src1.o src2.o
```

在链接命令中可以像对待单个.o 文件一样对待一个.a 文件。

11.2 从源码制作 gcc 编译器

有时我们需要特定版本的 gcc，而系统自带的 gcc 并不是我们想要的，这时就需要用系统自带的 gcc 编译特定版本的 gcc 源码得到我们需要的特定版本的 gcc。以编译 gcc 9.3.0 为例分步详述过程。

（1）下载 gcc 源码极其依赖的 gmp、mpfr 和 mpc 的源码：

```
cd ~
wget http://ftp.gnu.org/gnu/gcc/gcc-9.3.0/gcc-9.3.0.tar.xz
wget http://ftp.gnu.org/gnu/gmp/gmp-5.1.3.tar.xz
wget http://ftp.gnu.org/gnu/mpfr/mpfr-3.1.6.tar.xz
wget http://ftp.gnu.org/gnu/mpc/mpc-1.0.3.tar.gz
```

（2）编译并安装 gmp 到/opt/gmp/：

```
cd ~
tar -Jxvf gmp-5.1.3.tar.xz
cd gmp-5.1.3/
./configure --prefix=/opt/gmp/
make -j4
sudo make install
```

（3）编译并安装 mpfr 到/opt/mpfr/：

```
cd ~
tar -Jxvf mpfr-3.1.6.tar.xz
cd mpfr-3.1.6/
./configure --prefix=/opt/mpfr/ --with-gmp=/opt/gmp/
make -j4
sudo make install
```

（4）编译并安装 mpc 到/opt/mpc/：

```
cd ~
tar -zxvf mpc-1.0.3.tar.gz
cd mpc-1.0.3/
./configure --prefix=/opt/mpc/ --with-gmp=/opt/gmp/ --with-mpfr=/opt/mpfr/
make -j4
sudo make install
```

（5）编译并安装 gcc 到/opt/gcc/：

```
cd ~
tar -Jxvf gcc-9.3.0.tar.xz
cd gcc-9.3.0/
./configure --prefix=/opt/gcc/ --with-gmp=/opt/gmp/ --with-mpfr=/opt/
mpfr/ --with-mpc=/opt/mpc/ --enable-languages=c,c++ --disable-multilib
export LD_LIBRARY_PATH=/opt/gmp/lib/:/opt/mpfr/lib/:/opt/mpc/lib/
make -j4
sudo make install
```

这样 9.3.0 版本的 gcc 就在/opt/gcc/下了，我们只需要执行以下命令：

```
export PATH=/opt/gcc/bin/:$PATH
```

即可使该版本的 gcc 优先于系统自带的 gcc 被调用。

11.3　交叉编译器的制作

当我们编译出来的程序并不是要在本机运行，而是要在具有另一种 CPU 架构的机器上运行时，我们就需要用到交叉编译器。制作交叉编译器的机器是 build，交叉编译器运行所在的机器是 host，而交叉编译器编译出来的程序运行所在的机器是 target。三者都相同叫 native 编译，仅前两者相同叫 cross 编译，仅第一者与第三者相同叫 crossback 编译，等等。在本文的例子中，build 和 host 皆为 x86_64-linux-gnu，而 target 为 aarch64-linux-gnu。

（1）安装必备工具：

```
sudo apt install make gcc g++ libgmp-dev libmpfr-dev libmpc-dev gawk
bison texinfo
```

用如下命令在 target 机器中分别查看 kernel、binutils、gcc 和 glibc 的版本号：

```
uname -a
ld --version
gcc --version
ldd --version
```

建立目录，调整环境变量（假设用户名为 user），并根据这些版本号下载 kernel、binutils、gcc 和 glibc 的源码：

```
cd /home/user/Documents/
mkdir cross-gcc
export PATH=/home/user/Documents/cross-gcc/bin:$PATH
wget https://cdn.kernel.org/pub/linux/kernel/v5.x/linux-5.10.tar.xz
wget https://ftp.gnu.org/gnu/binutils/binutils-2.34.tar.xz
wget https://ftp.gnu.org/gnu/gcc/gcc-9.3.0/gcc-9.3.0.tar.xz
wget https://ftp.gnu.org/gnu/glibc/glibc-2.31.tar.xz
```

值得注意的是，如果 target 机器的内核被修改过，如被打过实时补丁，那么需要先对上边下载的 kernel 源码也打上相应的补丁，这样才能进入下一步。

（2）安装内核头文件和 binutils：

```
tar -Jxf linux-5.10.tar.xz
cd linux-5.10/
make ARCH=arm64 INSTALL_HDR_PATH=/home/user/Documents/cross-gcc/aarch64-
linux-gnu headers_install
cd ..
tar -Jxf binutils-2.34.tar.xz
cd binutils-2.34/
mkdir build
cd build/
../configure --prefix=/home/user/Documents/cross-gcc/ --build=x86_64-
linux-gnu --host=x86_64-linux-gnu --target=aarch64-linux-gnu --disable-multilib
make -j4
make install
cd ..
cd ..
```

（3）制作目录结构，建立符号链接：

```
cd cross-gcc/
ln -s aarch64-linux-gnu sysroot
```

```
cd sysroot
mkdir -p ./home/user/Documents/cross-gcc
cd ./home/user/Documents/cross-gcc
ln -s ../../../../../aarch64-linux-gnu aarch64-linux-gnu
cd /home/user/Documents/
```

上边的操作，以及接下来 configure gcc 时使用--with-sysroot 选项，都是为了使制作出来的
交叉编译器是便携的，即可以将其置于任意路径下使用。

（4）第 1 次编译 gcc 和 glibc：

```
tar -Jxf gcc-9.3.0.tar.xz
cd gcc-9.3.0/
mkdir build
cd build/
../configure --prefix=/home/user/Documents/cross-gcc/ --with-sysroot=
/home/user/Documents/cross-gcc/sysroot/  --with-native-system-header-dir=/include/
--build=x86_64-linux-gnu --host=x86_64-linux-gnu --target=aarch64-linux-gnu --
enable-languages=c,c++ --disable-multilib
        make -j4 all-gcc
        make install-gcc
        cd ..
        cd ..
        tar -Jxf glibc-2.31.tar.xz
        cd glibc-2.31/
        mkdir build
        cd build/
        ../configure --prefix=/home/user/Documents/cross-gcc/aarch64-linux-gnu/
--build=x86_64-linux-gnu --host=aarch64-linux-gnu --with-headers=/home/ user/
Documents/cross-gcc/aarch64-linux-gnu/include/ --disable-multilib libc_ cv_forced_
unwind=yes
        make install-bootstrap-headers=yes install-headers
        make -j4 csu/subdir_lib
        install csu/crt1.o csu/crti.o csu/crtn.o /home/user/Documents/cross-
gcc/aarch64-linux-gnu/lib/
        aarch64-linux-gnu-gcc -nostdlib -nostartfiles -shared -x c /dev/null
-o /home/user/Documents/cross-gcc/aarch64-linux-gnu/lib/libc.so
        touch /home/user/Documents/cross-gcc/aarch64-linux-gnu/include/gnu/stubs.h
        cd ..
        cd ..
```

configure glibc 时，--host 为 aarch64-linux-gnu 而非 x86_64-linux-gnu，是因为此时编译出来的 glibc 是供 host gcc 编译出来的 target 可执行程序调用的，而不是供 host gcc（host gcc 本身是 x86_64-linux-gnu 的）调用的。

（5）第 2 次编译 gcc 和 glibc：

```
cd gcc-9.3.0/
cd build/
make -j4 all-target-libgcc
make install-target-libgcc
cd ..
cd ..
cd glibc-2.31/
cd build/
make -j4
make install
cd ..
cd ..
```

分步交替编译 gcc 和 glibc 是因为它们互相有依赖关系。

（6）在/home/user/Documents/gcc-9.3.0/libsanitizer/asan/asan_linux.cc 文件的第 66 行处插入以下内容：

```
#ifndef PATH_MAX
#define PATH_MAX 4096
#endif
```

（7）第 3 次编译 gcc：

```
cd gcc-9.3.0/
cd build/
make -j4
make install
cd ..
cd ..
tar -Jcvf cross-gcc.tar.xz cross-gcc
```

于是交叉编译器便被安装在了/home/user/Documents/cross-gcc/下，且我们已将其打包为 cross-gcc.tar.xz，将其解包于甚至是另一台与 host 具有相同 CPU 架构的机器的任意路径下皆可使用（必须将 cross-gcc/bin 的绝对路径加入环境变量 PATH）。